JN111305

『猫の腎臓病がわかる本』（女子栄養大学出版部）©sawara267

飼い主が愛猫のためにできること

猫の腎臓病がわかる本

日本獣医生命科学大学 宮川優一

女子栄養大学出版部

CONTENTS

第2章　腎臓病を遠ざける暮らし

第3章 もしかして、腎臓病？

第4章 腎臓病と生きる

巻末

はじめに

　猫の慢性腎臓病は、猫の死因としてつねに上位であり、猫たちの健康上に重要な問題をもたらしています。

　私は、腎泌尿器の病気を診療し、研究していきながら、つねにあることを疑問に抱いてきました。それは「なぜ猫では慢性腎臓病が多いのか」ということです。

　その答えはいまだに出ていません。さまざまな研究が行なわれ、この真相に迫ろうとしてきましたが、明確な回答を得た研究はありません。

　猫の腎臓病が広く周知されるようになり、そして獣医療が発展していっても、この答えはだれもはっきりとは答えられません。

　それはなぜなのでしょうか。理由がわからないということは、猫の慢性腎臓を予防する手立てもないということになります。猫の家族のだれしもが病気なってほしいとは思っていません。避けることができる病気なら避けたいと思うのは普通のことでしょう。しかし、われわれ獣医師はその期待にこたえることができないのが現状なのです。

　私は猫の腎臓病を完全に治したい、根絶したいと考えているわけではありません。現時点でそれはおそらく不可能だからです。

　代わりに、私は猫が「猫には慢性腎臓病が多い、特に高齢の猫ではもっと多くなる」といわれないようにしたいと思っています。病気は予防こそが最も重要なのです。微力ながら、私が現時点で少しでも腎臓病を減らすことができるであろうと考えている方法をこの本の随所に記述しました。

　猫ブームといわれ、猫の飼育頭数が増えるにつれて、健康管理の一環として猫の慢性腎臓病もより注目されるようになったと感じています。

　この本を手にとっていただいた猫のご家族のかたがたも、この本を読む理由は腎臓病を心配されてのことだと思います。先に謝罪させていた

だきますが、「この本を読めばあなたの猫はだいじょうぶです！」と自信を持って語ることはできません。しかし、私がいえる確かなことは、猫のこの腎臓病という病気は決してひとつの単純な理由で発症するわけではなく、食事や薬で単純に治療できるものではないということです。

　猫の病気を紹介するサイトや雑誌、本などでは、猫の慢性腎臓病（あるいは腎不全）とひとくくりにされています。それでもその猫に起きた腎臓病はほかの猫と同じではないのです。

　時として、使い方をまちがえれば腎臓病用のフードは腎臓病の猫の病状を悪化させることすらあります。腎臓病用として使われている薬も同様です。さまざまな病気の中でも腎臓病の診断や治療はむずかしい部類に入ります。適切な診断や治療を受けるためには、ご家族にもこの病気のむずかしさをご理解いただきたいと思って、この本に携わりました。

　腎臓病で苦しむ猫が少しでも楽になれるように、そしてこれから腎臓病になる可能性がある猫が腎臓病にならないために、この本が一助になれば幸いです。

　私に腎臓病、泌尿器病を中心とした病気に関する知識・知恵を与えてくれた、私のすべての犬、猫の患者さんに多大な謝意を表します。

2020年4月吉日

宮川優一

ニャ〜

第1章

猫と腎臓病には
深い縁がある

猫と腎臓病には、
じつは切っても切れない縁がありました。
猫がかかりやすい泌尿器疾患や、
さまざまな腎臓病について解説します。

猫の腎臓病は謎だらけ

猫の死因の上位を占める慢性腎臓病

飼い猫の寿命が延びて、いまや平均寿命は15.8歳。ピンとこない人も多いかもしれませんが、まだまだ若く見える5〜8歳でも、猫としてはもう中年期です。それを超えると早くもシニア期に入るわけで、長生きの猫は生涯の半分を、シニアとして生きることになります。

猫の死因のうち、がんと並んで多いのが「慢性腎臓病」です。どこの国でも死因の1〜3位に入るほど猫には突出して多い病気で、アメリカの研究では10歳を超える猫の約10〜30％が慢性腎臓病になっているという報告もあります。高齢になるほど多くなり、7歳を超えた猫のうち53％が慢性腎臓病とも言われています。

なぜなのでしょう。腎臓専門医の私がいうのも変ですが、理由はじつは謎なのです。これだけ多くの猫が苦しんでいるというのに。理由がわかれば、予防もできるのに。腎臓病が猫に多い理由を、まだ誰も解明できていないのが現実です。

高齢だから腎臓病になる、というわけでもありません。たしかに年齢とともに老廃物を捨てる、おしっこを濃くする（体内に水分を保つ）といった腎臓の機能は少しずつ低下していきます。でも、それがすべて病気であるというわけではありません。

病気になるには理由があります。そしてその原因は一つではないでしょう。「猫だから」「高齢だから」と腎臓病の原因をきちんと調べていないケースも少なくないのです。

砂漠生まれの猫のおしっこは濃い

ほかの動物に比べ、猫はもともと、おしっこを濃縮する機能に優れた腎臓を持っています。元来、砂漠の動物から家畜化された歴史があるので、おしっこを濃くする（少なくする）ことで体から失われる水分の量を少なくするようにできているのです。

猫のおしっこは人に比べてもかなり濃くすることができるので、あまり水を飲まなくても生きていけます。水はおもに食事からとるのが猫の生活状況です。ドライフードを中心にした食事は、水分摂取をさらに減らし、おしっこをどんどん濃くします。これが猫に多い「尿路結石症」（p.22）や「特発性膀胱炎」（p.24）を発症させる要因になっています。

私が受け持つ腎臓科では、これらの泌

尿器系の病気から、腎臓病へ移行したケースが多くあります。

腎臓病の中にはもちろん、突然発症して明らかな症状が出る急性のものもありますが、慢性腎臓病の場合、たとえば6歳ごろに発症したとしても、ほとんど進行せず、高齢になるまで目に見える症状が出ないこともあります。「おしっこが極端に多い」「食べない」「吐いてしまう」「やせてきた」など、特徴的な症状が出て初めて病院を訪れるときはもう腎臓が大きく破壊されていて、原因がなんなのか、わからなくなってしまっているのです。

人の腎臓病の場合、たんぱく尿が腎臓病のサインの一つなので、尿検査などによって比較的早く見つけることができますが、猫の場合、たんぱく尿が出ることが非常に少なく、これも早期に見つけられない理由の一つです。

慢性腎臓病は猫の現代病

昔なら、猫の死因は交通事故やケガ、ウイルス性疾患がおもなものでした。たぶん、慢性腎臓病になる暇もないままに、亡くなることが多かったのでしょう。

今は多くの猫が完全室内飼いとなり、快適な環境で栄養価の高いフードを食べています。そのために、これらの突発的な死は大幅に減りました。昔よりずっと長寿になったのは喜ぶべきことですが、室内飼育で運動不足になり、栄養に気をつかった「ドライ」フードを食べていることが病気の発症に関わっているとすれば、慢性腎臓病は猫の現代病といえます。

腎臓病は治る？ or 治らない？

一度機能が落ちた腎臓は、回復することはありません。そのため進行を遅らせることが主題になります。

腎臓病の進行を評価する指標のひとつに、血液検査でわかる「クレアチニン」という数値があります。

たとえば最初の診断でクレアチニン値が2だった場合、1年で3になる子や、3年たって3になる子、何年たってもほとんど変わらない子がいます。

進行度合いの違いには理由があります。腎臓病の原因そのものの違い、そして高血圧、高リン血症、脱水、カリウム欠乏などの合併症（p.60）が起こるかどうかです。これらの合併症が起こると進行が速くなります。そして合併症がなければ、進行はしにくいのです。

「慢性腎臓病」ってなに?

慢性腎臓病と慢性腎不全の違い

ここで、猫の死因の上位にくる「慢性腎臓病」について説明します。

名前のとおり、慢性的に腎臓の機能が落ちていることをいいますが、病気そのものの名前ではなく、「元に戻らないダメージを負ってしまった腎臓の病気の総称」です。腎臓が徐々に炎症を起こして線維化し、長い年月をかけて少しずつ腎機能が低下し、腎臓が小さくなり、体の老廃物を外に出す能力が低下し、最終的に機能しなくなる状態です。

似たような言葉に「慢性腎不全」がありますが、これも病名ではなく「腎臓の機能が大きく低下し、体内に毒素が溜まり、食べない、吐くといった症状を示す状態」をいいます。腎臓にはさまざまな病気がありますが、遅かれ早かれ、最終的に腎不全という「状態」に至ります。

前述したように、猫で慢性腎臓病が「多い」理由は不明ですが、その発症の原因まで完全に不明であるわけではありません。私の勤めている病院では慢性腎臓病の猫の半分近くが原因不明です。しかし、もう半分は原因を突き止めることができています。尿管に結石が詰まることで腎臓を壊してしまう「閉塞性腎症」、細菌感染症による「腎盂腎炎」(p.30)、遺伝性の「多発性のう胞腎」(p.32)などの腎疾患です。こうした腎臓や泌尿器系の疾患がくり返し起こることで、腎臓の機能は低下していきます。また抗菌薬や鎮痛薬の乱用、腎毒性のあるユリ科の植物を食べてしまい、急激に腎臓の機能

[慢性腎臓病はひとつの病気じゃない!]

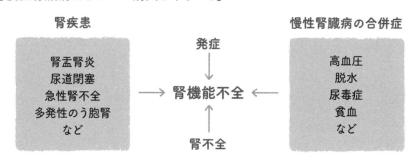

が落ちる「急性腎不全」(p.32)から、慢性腎臓病へ移行するケースもあります。

症状がなかなか出ないのが難点！

腎臓は肝臓の次に「沈黙する」臓器といえます。腎臓の機能が落ちてきても残っている組織ががんばって働くため、なかなか目に見える症状や異常な検査結果を現してはくれません。いちばん始めに目に見えて現れる症状は、それまでよりもおしっこの量が増えることです。腎臓のおしっこを濃くする機能が低下し、濃いおしっこをするはずの猫が、薄いおしっこをたくさんするようになります。この時点で腎臓の機能が正常時の1/3程度まで低下しています。

やがて「食べない」「吐く」「やせてくる」「毛づやがなくなる」といった症状が出ます。さらに症状が進むと、腎臓で濾過されて排泄されるはずの毒素が血液中に増え、老廃物が体内に溜まる「尿毒症」になり、食欲がまったくなくなり、激しい嘔吐がくり返し起こったりします。そして最終的に死に至ります。

定期的な検査が早期発見のカギ

腎臓の組織は一度壊れると元に戻すことはできないので、慢性腎臓病にかかったら完治することはありません。

とはいえ、先にお伝えした、原因となり得る腎臓や泌尿器の疾患を特定できれば、それを治療して進行を遅らせることはできます。また高血圧や、高リン血症や高カルシウム血症、脱水などの合併症があると進行が早くなるため、これらへの対症療法を行なうことが必要です。

早めに対処することで進行のスピードを遅らせ、長生きしている猫たちもたくさんいます。そのために、血液検査や尿検査、画像検査、血圧測定など、定期的な検診を受け、少しでも早く見つけることがポイントです。

超音波（エコー）検査をすると、正常な腎臓は表面がつるっとしたソラマメ型をしています。それが慢性腎不全になると表面がボコボコし、変形しているのがわかります。画像検査でしか診断できないパターンもあるので、血液検査や尿検査（p.54）だけでなく、超音波検査も合わせて行なうことをおすすめします。

そしてもし慢性腎臓病と診断されても、残った腎臓の機能でスムーズに暮らしていけるようにくふうをしていきましょう。

うちの猫、よく吐いているんだけど……

猫を飼っていると、毛玉を吐いたり、急いで食べた反動で吐いたり、よく嘔吐する印象があるかもしれません。多くの場合、吐いたあとはケロリとしていますが、場合によっては尿毒症のサインにもなります。

╲╲ 尿毒症のサイン

☐ 何度もくり返し吐いている

☐ 吐いたものに異物が混ざっている

☐ 吐こうとしているのに、
　　なにも出てこない

☐ 吐いたものに血が混じっている

☐ 下痢、食欲不振、元気がないなど、
　　ほかの症状を伴う

「猫はもともと、よく嘔吐する動物」と思っている人は多いかもしれません。でも、猫は決してよく吐く動物ではありません。吐く行為は、毛玉を吐きたいから。つまり毛玉を吐かなくてはいけないほど毛づくろい（グルーミング）をしているのが問題なのです。

過剰にグルーミングする原因はストレスです。一日24時間家の中で過ごし、本来の狩猟本能を満たすことができず、同じ空間に嫌いな人やほかの動物がいたり、なにかしらの不安を感じたりすると、大きなストレスを感じ、過剰にグルーミングをするようになります。その証拠に、外猫は日常的に吐くことがありません。

フードをガツガツ食べて吐くのも、もしかしたら吐きたいから食べて吐こうとしているのかもしれません。

ストレスは腎臓病の原因になる泌尿器系の病気を引き起こす大きな要因です。もし、飼い猫の嘔吐が常態化していたら、なにがストレスになっているか、注意深く探してみてください。

猫だって私たちと同じで、ストレスの感じ方は千差万別です。ストレスに弱い子もいれば、過酷な環境でもへっちゃらな子もいます。同じケースはひとつとしてないので、ストレス源を特定するのはむずかしいのですが、ストレスを除去することは、腎臓病を含め、猫の泌尿器疾患の予防にとても重要なことです。

╲╲ 猫の環境について
飼い主さんチェック ╱

☐ トイレはいつもきれいにしていますか？

☐ いつも新鮮な水を、
　　数か所に置いていますか？

☐ ウェットフードをあげていますか？

☐ 毎日、いっしょに遊ぶ時間を
　　作っていますか？

☐ 猫が上下運動できる環境ですか？

☐ 猫の隠れ場所はありますか？

泌尿器の
しくみを知ろう

泌尿器の病気から慢性腎臓病へ

　腎臓から尿管、膀胱、尿道を含めた臓器を総称して「泌尿器」と呼びます。

　慢性腎臓病で当院に来る患者の約40％が泌尿器の疾患にかかったことがある猫たちです。膀胱や尿道の病気から慢性腎臓病へ移行するケースが多いので、ここで泌尿器全体のしくみと働きを知っておきましょう。

腎臓は働き者

　猫の腎臓は、胃や肝臓の後ろにある、ソラマメ型の臓器で、左右に１つずつあります。

　腎臓は、老廃物を尿として捨てる役割以外にも、体内の水分量を調節しています。たくさん水分をとってしまった場合には尿の水分量を増やし、水分を摂取できずに体に水分が足りない場合には尿の水分量をさらに減らします。

　とりわけ猫の腎臓はこの能力が高く、非常に尿を濃くすることができます。尿を濃くできるということは、あまり水を飲まなくても生きていられる、ということにもつながります。ほかにも血圧、体内のミネラルや血液の酸性度の調節、血液の産生など、腎臓はさまざまな役割を担っています。

［腎臓の機能］

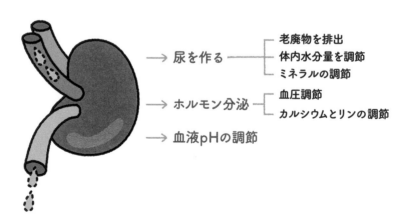

→ 尿を作る ── 老廃物を排出
　　　　　　　 体内水分量を調節
　　　　　　　 ミネラルの調節

→ ホルモン分泌 ── 血圧調節
　　　　　　　　　 カルシウムとリンの調節

→ 血液pHの調節

フィルター機能をもつ腎臓

　腎臓は「ネフロン（nephron：腎単位）」という構造物がたくさん集まってできていて、ネフロンは「糸球体」と「尿細管」からなります（イラスト下）。

　糸球体は血管のかたまりで、これがコーヒーフィルターのように血液を濾します。人間の場合は左右の腎臓に合わせて200万個ほどの糸球体が存在し、犬では30万個、猫では40万個ほどです。

　濾された血液（原尿）は尿細管の中を通っていく間に、体に必要な栄養素やミネラル、水分を回収します。最終的に不要な老廃物と、それを捨てるのに必要な最小限の水分とが尿となり、尿管を通って膀胱に溜まります。

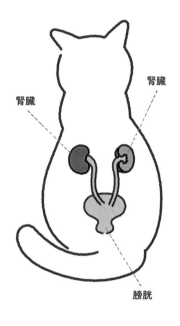

腎臓

腎臓

膀胱

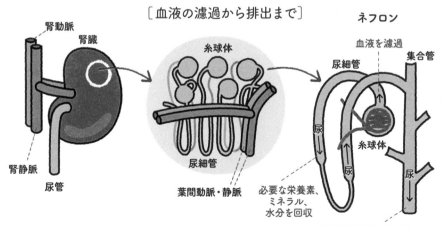

［血液の濾過から排出まで］

ネフロン

腎動脈

腎臓

糸球体

血液を濾過

尿細管

集合管

腎静脈

尿管

尿細管

葉間動脈・静脈

尿

尿

糸球体

尿

必要な栄養素、ミネラル、水分を回収

不要な老廃物と最小限の水分を尿として排出（尿管から膀胱へ）

おしっことして排出されるまで

　腎臓のフィルターで尿が作られると、尿管、膀胱、尿道を通って排泄されます。

　左右の腎臓と尿管を「上部尿路」、膀胱と尿道を「下部尿路」と呼びます。

　猫は特に、この下部尿路の病気になりやすいことで知られています。最近のキャットフードでは、下部尿路に配慮、とうたったものが多く出ています。

おしっこはこうして作られる

　おしっこは、血液が腎臓で濾過されてできる排泄物で、ほとんどが体にとって不要なものです。腎臓で濾されたのち、尿管、膀胱、尿道を通って排泄されます。

【腎臓】
腎臓に送られた血液が、糸球体で濾過される。体に必要なものは尿細管で再吸収されて血液中に戻り、不要なものは老廃物となり、おしっことして捨てられる
↓
【尿管】
腎臓から送られたおしっこを膀胱へ送る
↓
【膀胱】
ここでおしっこを溜める。充分溜まると脳に尿意を伝達し、膀胱が縮んでおしっこを押し出す
↓
【尿道】
尿道の入口が開き、膀胱から送られたおしっこを体の外に出す

猫に多い下部尿路疾患

　猫の膀胱と尿道の病気を総称して「猫下部尿路疾患＝FLUTD」と呼びます。猫はこの下部尿路の病気にかかりやすいことで知られています。原因をきちんと考えて治療しようという目的で作られた言葉ですが、実際には検査をしても異常がほとんど認められず、原因がわからない病気が多かったのです。

　原因不明だった下部尿路の病気は、ここ10年くらいで「特発性膀胱炎」(p.24)と呼ぶようになり、ストレスと関連していることが明らかになってきました。

　次のページから、これらの泌尿器の病気について解説します。

［猫の腎泌尿器］

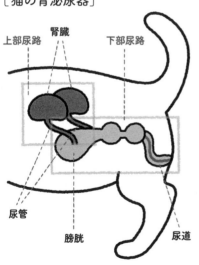

上部尿路　　　腎臓　　　下部尿路

尿管

膀胱　　　　　　　尿道

ドライフードで泌尿器疾患に!?

猫の下部尿路疾患は1990年代後半から2008年の間に、発症率が上がっています。これはキャットフードの開発が進み、いわゆる昔の「猫まんま」からドライフードへと移行した期間と重なります。日本で最初にドライフードが作られたのが1970年くらいです。当初、ドライフードは肉骨粉を使用して高ミネラル、特にマグネシウムが多かったために尿がアルカリ性に傾きやすく、それが猫に多く発症する「ストルバイト結石」の原因だろうと考えられていました。

そこで、1980年代には下部尿路疾患に配慮したフードが発売され始めました。低マグネシウム、低リンで尿のpHが酸性に傾くように作られた「尿酸性化食」です。ところが、尿酸性化フードが増えた1985年くらいから、今度は逆に、尿が酸性に傾くとできる「シュウ酸カルシウム結石」が増加しました。これは上部尿路=腎臓にでき、尿管に移動し「尿管閉塞」を引き起こします。

2009年、当院では猫の尿管閉塞は1例でしたが、2018年は35例にまで増えています。2000年代半ばから「尿管結石」、「尿管閉塞」が非常に増えているのは、猫の室内飼いが主流となり、運動不足、水分不足に加え、若いころから尿酸性化食を食べている、という背景があると思います。

尿管閉塞（p.27）が原因で慢性腎臓病になってしまった猫を集計すると75%がアメリカンショートヘアやスコティッシュフォールド、マンチカンなどの純血種です。

これらの猫は、遺伝的な背景もあるかもしれませんが、ブリーダーやペットショップでドライフードのみを与えられ、室内でとてもたいせつに育てられているからではないかと思っています。飼い主さんも、ちゃんとしたごはんをあげようと思うと、なぜか「泌尿器の病気に配慮した」フードになります。泌尿器の病気に配慮した「ドライフード」こそが現在、尿管閉塞を引き起こす尿路結石症（p.22）が増えた要因ではないかと考えています。

本来、食事から水分をとることが主体だった猫がドライフードだけの食生活になると、どうなるでしょう。おしっこがさらに濃くなります。生きるために、それは必要なことです。しかし、これが泌尿器の病気の増加と関連します。もちろんドライフードを食べていることだけが病気の原因ではありませんが、当院で泌尿器の病気と診断した猫の90%が、ドライフードしか食べたことがありませんでした。

猫は子猫のころに食べたもの以外は食べ物と認識しないことが多いので、ドライフードばかりで育った子はウェットフードにしようとしても食べてくれなくて飼い主さんは苦労します。

これから猫を飼う人はぜひ、子猫のころからウェットフードを与えて慣れさせてあげてください。それが腎臓病をはじめ、泌尿器系の病気予防の大きなカギとなります（くわしくはp.44へ）。

泌尿器疾患の
原因と予防

下部尿路疾患のサインに注意

　腎臓病になって当院を訪れる猫の約4割は、「下部尿路疾患＝FLUTD」を患ったことがあります。

　すでにお伝えしていますが、猫は泌尿器系の病気にとてもかかりやすい動物です。猫の5頭に1頭が尿路結石症や膀胱炎を経験し、発症率は犬の4倍にもなります。

　下部尿路疾患は若い時期にかかるものが多いうえ、再発率も非常に高く、一度起こしてしまうと慢性化してしまうケースも多いのです。下部尿路疾患にはさまざまな病気や症状がありますが、排泄に伴う下記の症状が見られたら、なんらかの疾患にかかっている可能性があります。

下部尿路疾患のサイン

☐ トイレに行く回数が増える

☐ 頻繁にトイレに行くのに、
　おしっこが少ししか出ない

☐ おしっこをするときに痛がって鳴く

☐ トイレ以外の場所で粗相をする

☐ 血尿が出る

☐ 落ち着きがなくなる

☐ 不自然な姿勢でおしっこをする

☐ 陰部をなめる

☐ おしっこが出ない

下部尿路疾患の予防が
腎臓病予防に

　腎臓病の原因は、みんな同じではなく、わかっていないことの方が多いです。予防しようと思っても、なにを予防すればいいのか、いまひとつ知られていません。

　私見ですが、腎臓病の半分近くの猫が下部尿路疾患にかかっているのなら、それが猫に腎臓病が多い理由なのでは？と考えています。飼い主さんができることは、これらを予防し、そこから発生する腎臓病を防ぐことではないでしょうか。

　下部尿路疾患で圧倒的に多いのが「特発性膀胱炎」(p.24)です。原因不明の下部尿路疾患の症状を示す病名で、全体の半数以上にものぼります。10歳以下、2～7歳くらいの若いうちに発症するのが特徴で、場合によってはそれより早いケースもあります。

［猫の下部尿路疾患の内訳］

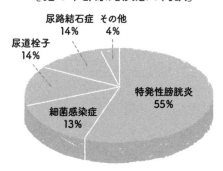

尿路結石症 14%
その他 4%
尿道栓子 14%
細菌感染症 13%
特発性膀胱炎 55%

下部尿路疾患の原因は３つ

予防のためには、下部尿路疾患の発症要因を知る必要があります。それぞれの猫がもっている体質や性質にもよりますが、大きくは以下の３つと考えます。

❶ 水分不足

人は、のどが渇けば水を飲むのが普通の行動、と思うでしょう。でも、猫はもともと砂漠地方に生息するリビアヤマネコがルーツといわれています。尿を濃くして、少々水を飲まなくても生きられる動物で、水を飲む、という習性がそもそもあまりないのです。水分は食べ物からとるだけでほぼまかなえる体をもつ猫が、ドライフードだけを食べ続けていると、水分不足が進み、尿はどんどん濃くなり、それが下部尿路疾患をはじめ、泌尿器系の病気を引き起こします。

❷ 運動不足

野生の猫は、自分で獲物を捕獲し、たとえエサやりされていたとしても、エサ場まで動いて食べにいきます。一日の大半を動き回る生活をしているといっていいでしょう。活動することで代謝が上がり、体内に代謝水ができることで、尿の量も増えます。

室内飼いで去勢・避妊された猫は、外猫に比べて活動量がどうしても少なくなり、それが尿の出にくさにつながります。

❸ ストレス

遊べない、狩りができない、ヒマ、家の中に嫌いな人や動物がいる、トイレが気に入らない、などでストレスを感じると、「特発性膀胱炎」(p.24)を発症します。

一見、外猫に比べてストレスのない快適な環境で暮らしていると思われる飼い猫でも、外猫とは違う種類のストレスを感じているかもしれません。ただでさえ少ないおしっこがますます減り、膀胱に長時間とどまることで、下部尿路疾患が起こりやすくなります。

下部尿路疾患も腎臓病も最終的には共通した問題だと思っています。室内飼育で、活動性が低いために代謝が悪く、ドライフードしか食べないのでおしっこが濃い。水を飲まず、排尿が少ない。これらの猫をとりまく環境が、慢性腎臓病になっていく最も多いパターンです。

私はよく運動してよく水を飲んでいれば、それで大抵のことはなんとかなると思っています。ストレス源を特定し泌尿器疾患をコントロールすれば、そこから発生する腎臓病は防ぐことが可能です。

気をつけたい
下部尿路疾患

❶ 尿路結石症（尿石症）

腎臓から尿管、膀胱、尿道の中に結晶や結石ができ、膀胱や尿道を傷つけたり、尿道に詰まったりする状態です。結石は砂粒くらいの小さなものから、数cmの塊まで、さまざまです。

●原因

猫で多い尿路結石症は2タイプあり、「ストルバイト」結石と「シュウ酸カルシウム」結石です。発症要因には食事内容、肥満、飲水不足や運動不足があります。猫がもともとあまり水を飲まず、濃いおしっこをすることも結石をできやすくする原因で、ドライフードばかり食べている猫は特に注意が必要です。

性別に関係なくかかりますが、オスは尿道が細長くカーブしている部分があり、先端も細くなっているので結石が尿道に詰まって重症になりがちです。肥満の猫もかかりやすくなります。

○ストルバイト結石

おしっこがアルカリ性に傾き、リン、マグネシウム、アンモニアが結合することでできます。尿中にできた結石は尿道をふさいだり、傷をつけたりすることがあります。

結晶 　結石

○シュウ酸カルシウム結石

黄褐色で表面がギザギザしています。おしっこが酸性に傾くことでシュウ酸とカルシウムなどのミネラル分が結合して結晶から結石になります。結石は尿道をふさいだり、傷をつけたりすることがあります。融解できないので手術が必要となります。

結晶 　結石

● 診断と治療

　石の存在は超音波検査で確認できます。尿検査でおしっこに結晶が混じっているのはよくあることですが、イコール病気ではありません。結晶があるから膀胱に石があるんじゃないか、という予測もできませんし、将来石になるリスクが高まるともいえないので、結晶が出ているだけで結石がないのであれば、治療は不要です。

●予防

　水分の多いウェットフードを食べさせ、水をなるべく飲んで、スムーズに排尿できるようにくふうしてください。適度な運動も、飲水量を上げることにつながります。また猫がおしっこをがまんすることがないように、トイレはいつも清潔にしておきましょう。

　環境のストレスを減らすこともたいせつです。いっしょに過ごす時間を増やしたり、狩猟本能をくすぐるおもちゃで遊んだり、キャットタワーなどで上下運動ができるようにしたり、猫が喜ぶことを見つけてあげましょう。

＼ 尿路結石症のサイン ／

□ トイレに行く回数が増える

□ 頻繁にトイレに行くのに、
　　おしっこが少ししか出ない

□ トイレでうずくまっている

□ おしっこをするときに痛がって鳴く

□ 排尿時に力む

□ 血尿が出る

□ トイレ以外の場所で粗相をする

□ 落ち着きがなくなる

□ 猫砂やシートの表面に
　　キラキラ光った結晶や結石が見える

❷ 特発性膀胱炎

猫の下部尿路疾患の中で最も多く、原因不明の病気です。細菌性膀胱炎のような感染症ではなく、無菌性の膀胱炎で、人にもある間質性膀胱炎という原因不明の膀胱痛・頻尿を示す難病と似ています。

若い猫に多く、発症要因の一つは膀胱粘膜の異常で、尿の有毒な物質が膀胱にしみ込むこと、もう一つはその猫がストレスに弱いことです。

高齢の猫では免疫力の低下や尿が薄くなるため、細菌感染症が多くなります。頻尿や、おしっこをするときに痛がって鳴いたり、血尿が出たりなどの症状を示します。

この病気の特徴は、症状が出たら1週間以内に「なにもしなくても」おさまることです。また間隔をあけて再発します。

● 原因

検査をしても膀胱などの臓器には異常は認められず、感染の証拠も見つかりません。

● 治療

血液検査と尿検査、そして画像検査も行ないます。治療は、ほとんどの場合、なにもしなくても症状は1週間以内に自然に治るので、薬の投与はほとんど必要ありません。定期的な再発のない「急性」、数週間〜数カ月で症状をくり返す「再発性」、強弱のある症状が持続する「慢性」があり、再発性と慢性は根治しません。発症時の症状を緩和すること、再発の間隔をなるべく延ばすように、ストレス源を除去したり、飲水量を増やすといった食事療法を行なったりします。

● 予防

日ごろの生活で猫のストレス源になっていることを特定し、除去します。ウェットフードをとり入れ、飲水量を増やすくふう（p.40）をしてください。食事療法では特発性膀胱炎の再発を少なくすることが知られているヒルズの「c/dマルチケア」をおすすめすることがあります。またトイレの掃除をこまめにして、つねに清潔を保つようにしましょう。

ヒルズ プリスクリプション・ダイエット™ c/dマルチケア缶
脂肪酸比率などの調整により、特発性膀胱炎をケアする特別療法食
㈹日本ヒルズ・コルゲート
☎ 0120-211-323

＼ 特発性膀胱炎のサイン ／

□ 頻繁にトイレに行く

□ おしっこが茶色くなったり、
　血尿が出たりする

□ おしっこが出なくなる

猫のストレス要因

特発性膀胱炎をコントロールするために、猫が感じているストレスを特定し、除去することがたいせつです。なにをストレスに感じるかは猫によってさまざまで、特定がむずかしいこともありますが、当院であった例を一部ご紹介します。

猫のストレスチェック

- ☐ 関節炎がある
- ☐ 尿管閉塞など、ほかの疾患がある
- ☐ 仲の悪い家族がいる
- ☐ 仲の悪いほかの動物がいる
- ☐ 孫が生まれ、遊びにくる
- ☐ 特定の部屋にしか入れない
- ☐ 24時間トイレを見張られている
- ☐ 隣家がリフォームで工事中
- ☐ 隣の猫が庭に
  遊びにくるようになった
- ☐ いっしょに暮らしているほかの
  動物が留守、または死亡した
- ☐ 同居猫がちょっかいを出してくる
- ☐ 一日のほとんどが留守番
- ☐ 毎週のように通院している
- ☐ 尿道カテーテルを入れている

特発性膀胱炎の薬

血尿が出ていても、感染症ではないので、抗菌薬と止血剤は意味がありません。基本的に、薬剤で治療する病気ではありませんが、状況によっては下記の薬を使用することがあります。

オピオイド(鎮静薬)

排尿痛があるとき、痛みで食べなくなったり、元気がなかったりするときに使用します。

三環系抗うつ薬

強い不安や行動異常がある場合に使うことがありますが、簡単に使用しないほうが望ましいです。家族と猫の関係が変わってしまうことがあります。

カゼインたんぱく、トリプトファン(サプリメント)

不安やストレスを軽減するといわれていますが、効果は一様ではなく、確実でもありません。

フェリウェイ(合成フェイシャルフェロモン)

猫は顔をすりつけることでフェロモンを付着させます。そのフェロモンを合成したもので、室内のいくつかの場所に吹きつけることで、猫の緊張をやわらげる効果があるといわれています。

❸ 尿道炎・尿道閉塞

　特発性膀胱炎の一部として、オスでよく認められる病気です。おしっこが出づらくなり、排尿の時間が長くなったり、まったく出なくなったりすることもあります。

　尿道炎が長引くと慢性化する場合もあります。特発性膀胱炎と同じ理由で発症し、治療も同じですが、おしっこが出なくなってしまった場合には、カテーテルを用いて開通させ、1〜2週間入れっぱなしにして膀胱や尿道を休ませます。

　尿道閉塞は結石や尿道栓子（炎症により尿道からはがれ落ちた細胞、血液、結石の成分などが固まったもの）などが尿道に詰まったり、前立腺の肥大や腫瘍などが尿道を圧迫することで尿道がふさがったりして、おしっこが出にくくなる状態のことをいいます。まったくおしっこが出なくなると、急性腎不全や尿毒症になり、治療しなければ2〜3日で死に至ることがあります。

●原因

　オスでは尿道閉塞の多くの原因が特発性膀胱炎です。尿道炎によって尿道が狭くなったり、尿道がけいれんしたりすることで、おしっこを出せなくなります。

●治療

　処置が遅れれば命に関わることがあります。尿道にカテーテルを入れて開通させ、溜まっているおしっこを排泄させます。結石が詰まっているときはそれを膀胱に戻し、可能であれば洗浄により排出させます。結石がストルバイトであれば、結石を溶かす治療を行ないます。くり返す場合には、狭くなった尿道から陰茎までを切除し、メスのように尿道を陰部に開口させる会陰尿道瘻という手術を行ないます。

●予防

　特発性膀胱炎が原因であることが多いので、特発性膀胱炎と同様の予防法が効果的です。ウェットフードを与え、飲水量が増えるようくふうして、尿路結石症を予防しましょう。運動させることもスムーズな排尿につながります。早期発見が重要なので、頻尿やおしっこがつらそうなようすが見られたらすみやかに病院に連れていきます。

尿道炎・尿道閉塞のサイン

☐ 頻繁にトイレに行くのに、おしっこが少ししか出ない

☐ 不自然な姿勢でおしっこをする

☐ おしっこをする体勢になっているけれど、出ていない

☐ トイレに出たり入ったりする

☐ ぐったりしている

☐ 食欲がない

☐ 吐いている

上部尿路疾患の「尿管閉塞」

　腎臓と膀胱をつなぐ「尿管」に石が詰まって発症することが多いのが「尿管閉塞」です。尿道閉塞と合わせて２つの疾患を「尿路閉塞」と呼びます。

　尿管閉塞は特にアメリカンショートヘアやスコティッシュフォールドなどの純血種に多い傾向のある疾患です。

　この病気の最大の問題点は、２つある腎臓〜尿管のどちらか一方だけが閉塞した場合、猫にとっては鈍痛や違和感があるのかもしれませんが、見た目ではなかなか気づきにくいことです。

　その間に、左右の腎臓のうち、閉塞した側の腎臓が破壊されてしまいます。片方が大きく破壊され、さらにもう片方に尿管閉塞が発生したときになって初めて、「食べない」「元気がない」「吐いてしまう」などの明らかな症状を示します。このときには、すでに片方の腎臓は機能のほとんどを失い、詰まりを解消しても、慢性腎臓病になってしまいます。

COLUMN.4
下部尿路疾患に配慮したフードは予防になる？

　尿路結石症などの下部尿路疾患の予防に気を配っている飼い主さんの中には、おしっこのpH値を気にするかたもいらっしゃるかもしれません。おしっこは本来、酸性です。肉や魚などのたんぱく質を分解することで、食後はpH値が上がってアルカリ性に傾きます。このようにpH値は一定ではないため、pH値だけ追うことに意味はありませんし、キャットフードが原因で、尿のpH値が極端に傾くことは考えにくいです。

　フードの研究が進んだため、現在売られているキャットフードが原因で尿のpH値が24時間アルカリ性に傾くことは考えにくいです。また今では、ほとんどのキャットフードが尿を酸性化させる組成です。塩分が強く、飲水を促そうとするフードもあります。こういった食事はストルバイト結石は予防するかもしれませんが、別のシュウ酸カルシウム結石など結石を招く可能性もあります。特にドライフードしか食べていない猫では問題となりやすいです。

　塩分が強い尿石症用療法食を長期的に与えることに関して私は反対の立場です。下部尿路の病気を防ぐにはウェットフードを利用した水分摂取、運動、ストレスへの対応が重要と考えています。

いろいろな
腎臓病

ここからは、猫の腎臓病を種類ごとに解説します。炎症性のもの、尿路結石症、遺伝性のもの、急性で命に関わるものなど、さまざまです。

❶ 慢性腎臓病

慢性腎臓病という病名は、慢性的で治らない、いろいろな腎臓の病気を総称した病名で、もともとは人の医療でつけられたものです。たんぱく尿があることと、老廃物を捨てる腎臓の機能が低下していることが、脳梗塞や心筋梗塞といった病気と関連することが報告されたため、健康管理の促進としてわかりやすい病名をつけようとしたことから始まります。

人では糖尿病が慢性腎臓病の原因として一般的です。「メタボリックシンドローム」という言葉も糖尿病を中心とした病気を減らすために考案されました。

私たちは、この用語をコピー＆ペーストして使っているにすぎません。この用語を使うことで猫の診断・治療・予防にどのようなメリットがあるのか、じつは明確にはなっていないのです。慢性腎臓病の定義は以下の２つです。
①３か月以上持続する腎臓の障害（たんぱく尿がある、腎臓の形がおかしいなど）
②３か月以上持続する腎臓の機能低下

（血液検査での数値の異常）

２つのうちどちらか一つでもあれば、慢性腎臓病と診断します。しかし、慢性腎臓病とその原因の診断は、また別に考えなければなりません。

●原因

しつこいくらい「猫では原因不明であることが多い」と前述しましたが、ここから紹介する腎臓の病気は、猫でわかっている慢性腎臓病の発症要因です。少なくともこれらの病気がないかを調べることが必要です。

●診断と治療

尿毒症（p.62）、高血圧（p.61）、脱水（p.62）しやすいなど、慢性腎臓病では共通した問題点が生じるため、病気の段階によってほぼ共通した治療が行なわれます。腎臓病用療法食、降圧薬、たんぱく尿を減らす薬、尿毒素やリンの吸着剤、点滴などです。これらの治療は、慢性腎臓病と診断されたら、すぐ行なうというものではなく、病気の状況に合わせて使っていくものです。

●予防

人と異なり、現時点でこれといった予防策はありません。後述する腎臓の病気

は予防できるものもあります。慢性腎臓病になる可能性を一つでも少なくするのがいちばんの予防策だと思います。

❷ 水腎症

尿管または尿道が、結石やがんなどのできもの、炎症によって狭くなって閉塞する尿路閉塞（p.27）を起こすことで、おしっこが腎臓内に溜まり続け、水風船のように大きく膨らんでしまった状態のことを指します。腎臓に圧力がかかることで腎臓の機能が停止してしまいます。

両側同時に起これば明確に症状が出てきますが、片側だけの場合は症状がないことが多く、気づきにくいのが問題です。一部の猫は、水腎症になった側のおなかを触ると痛がる、いやがる、おなかの筋肉をかたくすることがあります。また腎不全の症状も認められます。

●原因
尿路結石症（p.22）、がん、尿管や尿道の炎症、外傷（交通事故や、避妊手術時に誤って尿管を縛ってしまう）などが挙げられます。

●治療
触診を行ない、レントゲンやエコーなどの画像診断で腎臓の状態を調べます。また血液検査で腎機能の状態、尿検査で炎症や細菌の有無、結石の成分を調べます。

治療としては、尿管や尿道が閉塞している原因に対しての処置を行ないます。外科手術になることもありますが、一般的に、がんでないかぎりは腎臓は摘出しないほうがよいとされています。

●予防
尿道炎や尿管炎を防ぐために、下部尿路疾患の予防と同様、運動をさせて水分をできるだけとらせ、スムーズに排尿できる環境を整えます。早期に見つけることはむずかしいので、定期的に超音波検査を受けることをおすすめします。

＼ 水腎症のサイン ／

□ 食欲低下

□ 吐く

□ 元気がない

□ うずくまる

□ おなかを触るといやがる、しこりのようなものがある

□ おなかが大きい

❸ 腎盂腎炎

　猫の腎盂は腎臓が作った尿を集め、尿管に送る部分をさします。「腎盂腎炎」は、膀胱から細菌が逆流し、腎臓内に侵入することで炎症が生じた状態です。つまり細菌性膀胱炎に続いて起こる病気ですが、腎盂腎炎になった時点では、尿検査でかならず細菌が見つかるわけではありません。発熱や腎不全が生じる「急性腎盂腎炎」と、ほとんど所見がない「慢性腎盂腎炎とがあり、慢性腎臓病の進行が早いときには、背景に腎盂腎炎が隠れていることがあります。

● 治療

　細菌感染がおもな原因なので、抗生物質の投薬治療が一般的です。状況に応じて、入院し点滴治療、抗炎症薬の投与が必要なこともあります。腎盂腎炎が原因で消化器への炎症が起こったり、敗血症などの重篤な問題に発展することもあります。

＼ 腎盂腎炎のサイン ／

☐ 水を飲む量が増えた

☐ トイレに行く回数が多くなっている

☐ おしっこのにおいが強くなった

☐ おしっこが濁っている

☐ ぐったりして元気がない

☐ 食欲がない

☐ 腰付近をたたくと痛がる

☐ 熱がある

❹ 腎結石

　腎臓内の腎盂に結石が発生した状態をいいます。結石が小さい場合はほとんど問題となりませんが、大きくなると腎臓を壊してしまうことがあります。

● 原因

　尿路結石症（p.22）と同じ原因で発症します。

● 治療

　結石が非常に大きい場合には手術でとり出すことも可能ですが、腎臓にメスを入れなければならないこともあり、大小かかわらずとり出せないことが多いのが現状です。人では超音波などを用いた破砕術を行なうことができますが、猫ではできません。尿路結石症と同様に、予防することがなにより重要です。

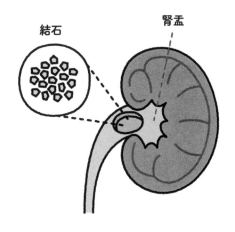

結石　　　　　　　　　　腎盂

❺ 糸球体腎炎

糸球体は毛細血管のかたまりで、血液中の老廃物を濾過する役割を持っています。血液を濾すときに、分子の大きいたんぱく質などは濾過されないようになっていますが、この血管が炎症を起こすと構造が壊れ、大きなたんぱく質が大量に尿中に漏れ出てしまいます。

人や犬にはよくある病気ですが、猫には非常に少ないのが特徴です。

重度のたんぱく尿では血液のたんぱく質が少なくなり、おなかに水が溜まり、むくんだりすることがあります。これを「ネフローゼ症候群」といいます。

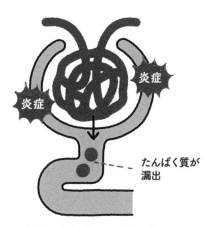

糸球体に炎症が起こり、構造が変化することで、分子の大きなたんぱく質まで排出してしまう。

●原因

さまざまな原因がありますが、不明なことも多く、猫ではウイルス感染（猫エイズや伝染性腹膜炎など）によることが多いようです。ただ、猫の場合、症例が少ないため、まとまった研究がほとんどされていません。

●治療

猫で確立された治療法はなく、犬の治療に合わせて行なっています。たんぱく尿を減らす薬や低たんぱく質の腎臓病用療法食で対処します。

●予防

定期的な年1回のワクチン接種、また健康診断で尿検査を受け、たんぱく尿が出ていないかを確認しましょう。

COLUMN.5

腎臓が未形成で生まれることも

猫にはときどき、片方だけ腎臓が小さく生まれてくる子がいます。症状がないので健康なうちは飼い主さんも気づくことがなく、健康診断や検査などでたまたま見つかるケースが多いです。生活するうえで特に問題はありませんが、将来正常な方の腎臓がトラブルを起こしたとき、一気に腎不全になることがあります。

原因は不明で、胎児の段階で腎臓を作るさいになにかしらのシステムエラーが起きたことが考えられます。

❻ 多発性のう胞腎

　左右の腎臓にのう胞（水ぶくれ）がたくさんできてしまい、腎臓の正常な組織が破壊されてしまう病気で、最終的に腎不全に至ります。

　遺伝性の病気で、特にペルシャやヒマラヤンなどペルシャ系の猫で一般的に知られています。またアメリカンショートヘアや雑種猫でもかかることがあります。のう胞の数や大きさが増加してくるにつれて腎機能が低下し、5〜7歳くらいで腎不全に至ってきます。また進行するとおなかが張り、大きくなった腎臓が消化管を圧迫するため、食欲低下を引き起こします。

●診断と治療

　生後6〜8週くらいから小さなのう胞を確認できますが、1歳を超えないと診断ができません。早期に診断する方法は遺伝子検査で遺伝子の異常を調べることですが、すべての症例でまったく同じ遺伝子異常があるわけではなく、遺伝子異常がないからといって、将来的にこの病気にならないとはいえません。

　この病気に特化した治療法はなく、腎機能が低下してきたら、慢性腎臓病に準じた治療を行ないます。慢性腎臓病では点滴としてよく皮下補液が行なわれますが、過剰な点滴はのう胞の拡大を早めてしまうので、必要に応じて最低限のみを行なうべきです。

❼ 急性腎不全

　腎臓が急に機能しなくなってしまい、尿毒症の症状が現れる病気です。元気がなくなって食欲が落ちたり、おしっこの量が極端に減ることもあります。

●原因

　いくつかありますが、いちばん多いのは腎臓に毒性を持つ薬剤や食品、植物（腎毒性物質）を摂取してしまうことです。たとえば人間用の風邪薬を誤って食べてしまったり、ユリ科の植物を食べてしまったりすることです。

　ほかには、細菌性膀胱炎から発症する腎盂腎炎（p.30）などの感染症、尿道閉塞（p.26）・尿管閉塞（p.27）が原因になることもあります。

●診断と治療

　血液検査で、腎臓の機能の指標「尿素窒素［BUN］」や「クレアチニン［Cre］」が著しく上昇しているかどうかを調べます。また、尿道閉塞（p.26）や尿管閉塞（p.27）をしているかを調べるために、かならずエコーやレントゲン画像検査を受ける必要があります。

　急性腎不全では迅速な処置が重要で、処置が遅ければ命を救える確率が低くなってしまいます。毒性のあるものを食べてしまった場合、食べたばかりなら吐かせ、血管から点滴を行なって少しでも毒素を薄め、排泄を早めます。尿道・尿管閉塞があれば、とにかく閉塞を解消する必要があり、状況によっては外科手術を

します。

　原因がなんであれ、脱水を伴っています。体内に水分が足りなくなれば、腎臓に巡る血液も不足し、細胞をさらに破壊して腎不全を悪化させます。迅速に点滴を行ない、早急に脱水を改善させる必要があります。入院をし、皮下補液を行ないます。とはいえ、急性腎不全では「乏尿」「無尿」といって、腎臓が尿を作ることがまったくできなくなることがあります。そのため脱水が改善した後、それ以上の過剰な点滴はむくみ、肺に水が溜まるなどの問題を引き起こします。脱水した分だけ点滴を入れ、過剰な点滴は避けなければなりません。

　急性腎不全は非常に死亡率が高い病気です。尿が作られていないと人工透析（p.96）なしでは、ほとんどが生存できません。人工透析をしたとしても生存率は約5割で、回復したとしても慢性腎臓病に移行することが多いです。

●予防

　尿道・尿管閉塞の予防（p.26〜27）をはじめ、あやまって腎毒性の物質を口にしないように気をつけます。人の風邪薬や抗菌薬、玉ねぎ、にら、にんにくなどユリ科に属する野菜も与えないようにしてください。

＼ 急性腎不全のサイン ／

☐ 吐く

☐ おしっこをしない

☐ 元気がない

☐ まったく食べない

COLUMN.6
腎臓病に サプリメントは 効く？

　腎臓病用として販売されているサプリメントの多くは食事中のリンというミネラルを吸着するためのものです。やみくもに服用しても効果はありませんし、腎臓病の病状によっては不要なケースもあります。薬も含めてですが、「腎臓病だったら、これが絶対いい！」などというものは一つもありません。

COLUMN.7
猫の一生

乳児期（誕生〜生後1か月）

生後7日前後　目が開く。
10日前後　　耳が聞こえるようになる。
2週間前後　　乳歯が生え始める。
1カ月前後　　自力で排泄できるようになる。

幼猫期（〜6か月）

生後1〜2か月前後で離乳。筋肉や骨格がしっかりしてきて、きょうだい猫と活発に遊ぶ時期。

成長後期（〜1歳）

人間でいえば20歳前後。物事の好き嫌いもはっきりしてくる。

中年期（〜8歳）

行動、精神面ともに落ち着く猫が多い。若々しく見えても体調に気をつけたい年ごろ。

シニア期（8歳〜）

人間の50代以降の時期。運動量が減り、寝ている時間が増える。視力や聴力の低下なども現れる。老猫になると、食欲の低下、毛づやの衰え、脱水や体重減少、歯が抜けるなどの変化も。

平均寿命は15歳前後。
20歳を超える猫も増えている！

第2章

腎臓病を
遠ざける暮らし

水分をとっていますか？
適度な運動をしていますか？
ストレスはありませんか？
日常生活で腎臓病予防に
つながるくふうを紹介します。

猫のストレスを見つける

ストレスチェックをしてみよう

　何度もお伝えしているように、猫の腎臓病や泌尿器の病気は、ストレスと大きな関係があります。

　長生きするほど、腎臓病のリスクは高くなります。もちろん、長生きしても最後まで腎臓病にならない猫もいます。それはもともと持っている体質やストレスを感じにくい性格、そして毎日どんな環境で暮らしてきたか、ということも大きいと思うのです。泌尿器疾患をコントロールする上で、猫がストレスを受けていないことはとても重要です。

　ここで、一般的に猫にとって「快適」と呼べる家庭内要因を挙げてみます。私も診断のさい、飼い主さんへのヒアリングに使用しています。当てはまる項目をチェックしてみてください。

＼ 猫の生活環境チェック ／

【 家族との関係 】

□ 同居している家族（人）との関係は良好ですか？

□ 同居している家族（猫など）との関係は良好ですか？

□ 家族以外でこの猫ちゃんとの関係が不良な人、動物はいませんか？

【 生活環境 】

☐ 飼育環境は室内のみですか？

☐ 猫ちゃんは室内を自由に動き回ることができますか？
　（夜間や留守番のときは特定の部屋・ケージのみ、など）

☐ ドライフードのほかにウェットフードもあげていますか？

☐ 自分専用の食器がありますか？

☐ 水の器はごはんと別の場所に置いてありますか？

☐ お気に入りの寝る場所がありますか？

☐ いやなことがあるときに隠れる場所がありますか？

☐ キャットタワーやタンスなど高いところに登れますか？

☐ 走り回ったり、遊んだりする空間がありますか？

☐ 遊びますか？

☐ 遊ぶためのおもちゃは豊富ですか？

☐ トイレは固まる砂のトイレですか？

☐ トイレは複数個ありますか？

猫によってストレス源は違う

p.36〜37でチェックをつけた項目が多いほど、その猫はストレスは少なく、快適な環境で暮らしている、と考えられます。

でも、これはあくまでも目安で、決して正解ではありません。各ご家庭の猫がなにをストレスに感じているかは本当にさまざまで、私は「猫はこういうもの。ストレスをかけないためにこう飼いましょう」という、すべての猫に共通する正解はないと思っています。

たとえばキャットタワーがあれば幸せかというと、登りたくない猫にとっては幸せじゃない。活発な子もいれば不活発な子もいて、不活発な子に無理強いしては、ストレスになります。

トイレも、システムトイレが好きな子、嫌いな子、フードつきじゃないとしない子、フードが嫌いな子、いろいろです。おもちゃについても同じで、遊ぶ子もいれば遊ばない子もいる。もちろん、遊んであげないよりは遊んであげたほうがいいけれど、その子がなにを好きなのかをちゃんと見きわめることが大事です。

とはいえ、これはストレス……

ただ、患者さんを診ていて、猫のストレス源としてよくあるパターンがあるのも確かです。一例をご紹介します。

●特定の部屋にしか入れない

たとえば、ひとり暮らしの小さなワンルームで飼われている猫でも、その部屋以外を知らなければ、ストレスにはなりにくいもの。猫にとって広さはあまり問題にならないと思っています。

それよりも、飼い主さんが外出するときなど、なにかされると困るからと、ひとつの部屋に閉じ込めたり、いつもは行くことができる部屋があるのに、行きたいときに行けないという状況を嫌う子は多く、それが大きなストレスになります。

●かまいすぎ

単身赴任の旦那さんやひとり暮らしをしている息子さんがたまに帰ってきて、猫をかまってあげるというパターンもよく見受けられます。ふだんいない人間が必要以上にかまってくることに、大きなストレスを感じる猫は多いでしょう。

私も昔から猫を飼っていて、今は犬と猫が1頭ずついます。犬と猫ではまったく扱い方が違い、「猫は好きに生きていればいいじゃないか」と、かまってほしくて近づいて来るとき以外はかまっていません。

ごはんは「ニャー」と鳴いてほしがればあげますが、もともとだらだら食べる子なので、ドライフードとウェットフードを半分ずつ置いておき、食べたければ食べるし、食べたくなければ食べない、それでいいと思っています。

触れられるのも嫌いな子なので、「撫でろ」といいに来たときは撫でますが、こちらが勝手に手を出すと叩かれます。

もちろんこれは私が飼っている猫の話で、一般論ではありません。

●病院に行きすぎ

病院で尿検査をするたびに血尿といわれるから心配で頻繁に通い、尿検査をくり返すケースもよく見受けられます。特発性膀胱炎（p.24）では、見た目の問題がなければ病院に行って検査を受ける必要はないのです。必要以上の通院は猫にとって、大変大きなストレスになり得ます。

改善できるものがあれば変えてみる

もし、診断のヒアリングでチェックのついていない項目があれば「では、こう変えてみてください」とアドバイスはします。でも、たとえば家が狭くてトイレを複数個置けなければ、どうすることもできません。どうしても改善できないものは、無理にすることもないと思っています。でも、もし改善できるものがあるなら、ぜひトライしてみてください。なかでも私が重要だと思っているのが、

・高いところに登れるか
・隠れ場所があるか

です。猫にとってプライバシーを守れる空間があること、空間全体を見渡せることは、けっこう重要です。

とはいえ、「飼い主があまり細かいことは考えない」のが、猫にとってはいちばんストレスがないことなのかもしれません。人の子育てと同じで、「こうすればベスト、絶対ハッピー」という正解はないのですから。

水飲みの
くふう

水飲みの機会を増やす

猫はもともと食事からとる水分以外あまり水を飲まない動物です。本来それが自然な姿ですが、室内飼いの猫の場合、ドライフード中心の食事だとどうしても水分不足になり、おしっこの回数も減り、尿が通常よりも濃くなってしまいます。水分補給のためにおすすめするのは、ウェットフードを与えることです。そのほかにも、水を飲む機会も増やすくふうをしてみてください。ポイントは3つあります。

① 食事をする場所と　水飲み場所を離す

野生の肉食動物は獲物を捕獲し食べる場所と、水を飲む場所が違います。その習性にならい、フードと水の器を離すと水を飲む機会が増える場合が多いです。

② 水の皿を数か所に置く

もともと水を飲む習慣があまりない猫にとって、わざわざ1か所の水飲み場へ飲みに行くのはちょっとめんどう。水皿を猫の通り道に数か所置くとなにかのついでにピチャピチャと飲んだり、お気に入りの水飲み場を見つけて飲んだりすることが多いようです。

③ 好みの飲み方を見つける

猫の好む水は多種多様です。お風呂、水槽、花びん、仏壇のお供えの水など、せっかく水皿を用意しているのに、なぜわざわざその水を？　と思うことも多いかもしれません。でも、それはその子の好みなので好きにさせ、飲んでくれればOKということにしましょう。

また冬場は冷たい水よりも、ぬるま湯を好むこともあるので試してみてください。

流水好きな子は多い

水道から直接飲むのが好きな子も多いと思います。もし水皿からあまり飲まないようなら、循環式の自動給水器を使う方法もあります。流れたり落ちてきたりする水に興味をもち、よく飲むようになることが多いです。

Drinkwell® アバロン セラミック
ペットファウンテン／ペットセーフ

飲ませるのは水道水でOK

　飼い猫の健康を気づかって、水を選ぶ飼い主さんもいらっしゃるかもしれません。ミネラルウォーター、水素水……。もちろん、飲ませたいものを飲ませていいのですが、いずれもなにか効果を期待できるものではありません。飲ませるのは水道水で充分。飲める水ならOKです。

意識するだけでも効果あり！

　猫の腎臓病の中にも、進行が早いパターンと遅いパターンがあります。進行が遅ければ、今すぐなにかしなくちゃ絶対ダメ、ということはありません。実際に、脱水さえ気をつけて水分をとってもらえれば進行しない患者さんもたくさんいます。まずは飼い主さんが水分補給を意識するかしないかの違いです。ちょっと気をつけるだけでもそこそこ飲むようになり、それだけでも変わります。

活動量アップも水分補給につながる

　濃い尿が排出されず、膀胱に溜まっている時間が長いと、特発性膀胱炎（p.24）、尿路結石症（p.22）、尿道閉塞（p.26）・尿管閉塞（p.27）、感染症などのリスクが上がります。

　室内飼育で去勢・避妊した猫があまり水を飲まないのは、活動量が少ないことも要因です。動くことで代謝が上がると、体内に代謝水ができ、尿の排出を促すので、自然と水分をほしがるようになります。

　飼い主さんへのヒアリングでは、狩猟本能を満たす遊びをしているかどうか、おもちゃが豊富にあるかどうかも聞いています。おもちゃは、同じものばかりだと飽きてしまって興味をなくすことがあるので、数種類そろえておくのに越したことはありません。

　ただ、遊ぶのが好きな子もいれば、それほど好きではない子もいます。遊んであげないよりは遊んであげたほうがいいと思いますが、その子がなにが好きなのかをちゃんと見ることが必要でしょう。

　好みの遊び方、適した運動強度は猫の性格にもよるので、これがベストというものはありません。30分続けてとか、10分ずつ1日3回とか、好みの遊び方を見つけてあげましょう。

口コミ隊が行く！
好きな水の飲み方は？

同じ猫でも水の飲み方やフード、
好きなおもちゃもみんな違います。
11匹の猫の口コミ隊に、それぞれの「推し」を聞きました。

〜まずは自己紹介〜

1
ちびび
（11歳・♂）
おひざは好き
だけど抱っこ
は嫌い。趣味
は脱走

2
銀次郎
（3歳・♂）
わんぱく、ビ
ビリ、筋肉質
で甘えん坊

3
ハナ
（3歳・♀）
食いしん坊、
平和主義、好
奇心いっぱい
の女の子

4
りり
（6歳・♀）
とっても人見
知りだけど、
飼い主にはベ
タ甘の女の子

5
まきび
（6歳・♂）
やんちゃで活
発、人が大好
き。猫界では
ちょっとKY

6
みみ
（13歳・♀）
気位が高いお
姫様。ウェッ
トフードが大
好き

7
もなこ
（13歳・♂）
ボス猫気質で
物怖じしない、
マイウェイ猫

8
ナツ
（6歳・♀）
心優しく、野
性味たっぷり
のお姉さん肌

9
ポッチ
（6歳・♀）
好きと嫌いが
はっきりした
不機嫌モフモ
フお嬢

10
タビ
（4歳・♀）
野良猫からち
ゃっかり家猫
に。たくまし
い母さん猫

11

もも
（17歳・♀）
元気いっぱい
のご長寿猫。
食にはかなり
こだわりあり

4

りり→
陶器よりもガラスの水皿のほうがおいしく感じるの

みみ→
キッチンカウンターに登って飲むのが好きよ

6

3

ハナ→
お風呂場大好き。洗面器に水を入れてもらっているの

もも→
ベランダの水鉢の水が、昔から好きなのよ

11

8

ナツ→
水皿を10cmくらいの台にのせてもらったら、
楽な姿勢で飲みやすいわ

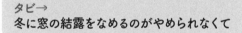
タビ→
冬に窓の結露をなめるのがやめられなくて

10

2

銀次郎→
大きな水皿なら、ヒゲが当たらなくてワイルドに飲めるよ

ポッチ→
冬はぬるま湯にかぎるわね

9

ウェットフードで水分補給

食事からとるのが自然な水分摂取方法

水分不足により、尿が濃くなりすぎる、その尿が膀胱にとどまる時間が長くなることで、猫は特発性膀胱炎などの下部尿路疾患にかかりやすくなることを第1章でお伝えしました。

私はそれが、腎臓病へ移行する要因の一つと考えています。

水分不足になりやすい完全室内飼いの猫に必要な水分をとらせ、排尿を促すために、皆さんにおすすめしているのがウェットフードです。

飼い主さんの多くは、水は水として飲むものと認識されていると思います。でも砂漠生まれの猫はそれほど水を飲まなくてもだいじょうぶな体をもっていて、口から直接水をとるのがあまり得意ではありません。水分は食事からとるのが自然な摂取方法なのです。

そのため健康な猫の場合、ウェットフードで水分をとっていれば、経口での水の摂取を増やさなくても脱水の心配はありません。尿路結石症（p.22）などの下部尿路疾患の予防や再発防止にも、療法食を与えるよりもウェットフードでの水分摂取のほうが効果的です。

ウェットフードの選び方、与え方

子猫のころからドライフードで育ってきた子は、ウェットフードを食べたがらないかもしれません。そのため、子猫のころからウェットフードに慣らしておくことが重要です。味の種類も豊富なので、いろいろ試し、お気に入りを見つけてあげてはいかがでしょうか。

もちろんドライフードは栄養価が高く、それだけで猫に必要な栄養素をとることができます。ドライフードとウェットフードを半々であげたり、ドライフードにウェットフードをトッピングしたりするのもいいと思います。

ウェットフードを選ぶさいは、「総合栄養食」か「一般食（または副食）」かの表記を確認してください。ウェットフードだけを与えたい人は総合栄養食を選び、ドライフードといっしょにあげたい人は一般食を選んでも問題ありません。

●総合栄養食とは

全米飼料検査官協会や欧州ペットフード工業界連合などの基準をクリアした、主食になるフードのこと。これだけで猫に必要なビタミン、ミネラルなどの栄養素を補えます。

●一般食（副食）とは

　これだけで必要な栄養をまかなうことはできないけれど、嗜好性が高く、種類が豊富です。猫用のおやつも一般食に含まれます。一般食のウェットフードは水分摂取量を高めることができるので、ドライフードにトッピングするのもおすすめ。好みにうるさい猫も嗜好性の高い一般食のウェットフードなら好んで食べることが多いようです。

　猫用のおやつにも水分摂取につながるものがありますが、栄養やエネルギーバランスは考えられていません。おやつをあげるなら、その分食事の量を減らしてエネルギー過多にならないように気をつけましょう。

ウェットフードは
エネルギー密度が低い

　ドライフードは形状を保つため炭水化物を多く含み、エネルギーも高めです。ウェットフードは、エネルギー密度が低いので重量に対してエネルギーが低く、たとえば小さめのパウチのスープタイプで20kcalほど。大きい袋でも40kcalほどです。ドライフードを減らし、その分ウェットフードを与えるのは、水分補給になりますが、同じ量では栄養が足りないこともあります。食が細い子ではウェットフードだけではやせてしまうこともあるので、摂取エネルギーには注意しましょう。

［ウェットフードのとり入れ方］

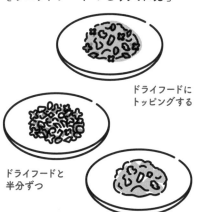

ドライフードに
トッピングする

ドライフードと
半分ずつ

COLUMN.8

猫の適正な
エネルギー量

　年齢や体重で変わりますが、一日の摂取エネルギーは、たとえば2kgの子なら150kcal、4kgの子なら200kcalほどを目安に。高齢の猫、活動量の低い子はこれよりも少なめが適正です。

口コミ隊が行く！
ウェットフード試食会

香りや味の好みは猫それぞれ。
市販のウェットフードを11匹の口コミ隊が試食しました。
得票数で見事上位を勝ちとった10商品はこちら！

1位
コンボ プレゼント
（まぐろとかつお 舌平目添え）
／日本ペットフード

「グルメなボクも一押し」（1ちびび）「身と水分のバランスがいいね。高級感たっぷりだよ」（2銀次郎）「しっとりジューシー。もっと食べた〜い」（3ハナ）「とっても気に入ったわ！」（4リリ）

大好き

まあまあ

1位
いなば わがまま猫 まぐろ
（かにかま入り）／いなばペットフード

大好き

まあまあ

「1袋ペロリと食べられちゃう」（7もなこ）「かにかまのアクセントが◎。飽きないわ」（9ポッチ）「いなばのごはんは久しぶり。おいしくってガツガツ食べちゃった」（11もも）

1位
ミャウミャウ とびきり♪
（しらす入りまぐろ）／アイシア

大好き

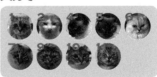

まあまあ

「ドライフード派のボクだけど、このウェットフードは最高！」（5まきび）「今どき缶詰？と期待してなかったけど、すごくおいしかった！ しらすがいい味出してるのかも」（11もも）

＊大好き（ペロリと平らげた）を2点、まあまあ（食べたけれど途中で飽きた）を1点として集計。

4位 ピュリナ フィリックス やわらかグリル 成猫用（ゼリー仕立てサーディン）
／ネスレ ピュリナ ペット

大好き

「食欲をそそる香りだね」（2銀次郎）「ウェット嫌いな私もこれならOK」（8ナツ）

まあまあ

8位 銀のスプーン 三ツ星グルメ（まぐろ・たい入りかつお）
／ユニ・チャーム ペット

大好き

「おいしくて30秒で完食！ お皿ピカピカになめちゃった。星みっつですぅ〜」（11もも）

5位 金缶 芳醇（かつお）
／アイシア

大好き

まあまあ

「さすが名前どおり芳醇な味だね」（1ちびび）「なんておいしいのかしら〜」（4リリ）

8位 シーバ 一皿の贅沢 しっとりテリーヌ（お魚ミックス（厳選サーモン・シーフード入り））
／マース ジャパン

大好き

「私お口が小さいから、テリーヌ風はとっても食べやすくて助かっちゃう」（6みみ）

まあまあ

5位 モンプチ プチリュクス カップ 15歳以上用（まぐろ ささみ添え）
／ネスレ ピュリナ ペットケア

大好き　　**まあまあ**

「これ、高齢猫用なの？ ふーん。私はまだ3歳だけど、好きだな〜」（3ハナ）

10位 カルカン パウチ お魚・お肉ミックス（まぐろ・かつお・ささみ入り）
／マース ジャパン

大好き

まあまあ

「お魚とお肉のいろいろな味がして、ちっとも飽きないわ」（4リリ）

7位 チャオカップ このままだしスープ（まぐろ かにかま・かつお節入り）
／いなばペットフード

大好き

「スープを一気に飲み干したわ。サイコー！ 明日もこれでよろしく」（10タビ）

〜ウェットフードのタイプいろいろ〜

フレーク
素材そのままの香り、味わいが残っていて食感がいい。

パテ
ペーストやムース状で総合栄養食に。やわらかく、なめらかなので子猫や高齢猫も食べやすい。

スープ・シチュー
とくに水分が多い。嗜好性が高く、種類も豊富。

メーカー問い合わせ先／アイシア お客様センター📞0120-712-122／いなばペットフード ☎0120-178-390／日本ペットフードお客様相談センター ☎03-6711-3601／ネスレ ピュリナ ペットケア お客様相談室📞0120-262-333／マース ジャパン お客様相談室☎0800-800-5874／ユニ・チャーム ペット📞0120-810-539

おしっこは健康の
バロメーター

泌尿器疾患のサインは
おしっこにあり

　おしっこにまつわる下記のような様子があったら、なにかしらの泌尿器疾患のサインです。

✎ 泌尿器疾患のサイン ✎

☐ いつもと違う場所でおしっこをする

☐ 頻繁にトイレに行く

☐ トイレに行ってもおしっこが出ない

☐ トイレにいる時間が長い

☐ おしっこをしながら痛そうに鳴く

☐ おなかや陰部をしきりになめる

☐ 血尿が出る

　これらは尿路結石症（p.22）など、泌尿器疾患の症状です。

　突然真っ赤な血尿がわっと出てあわてることもありますが、これは若い猫に多い特発性膀胱炎（p.24）という原因不明の病気のケースが多いです。急激に血尿が出ますが、これは止められるものではなく、ですが、なにもしなくても一週間以内に症状は消えます。

　猫砂だとわかりにくいことも多いですが、このように毎日のおしっこの量、におい、色、回数に注目していると泌尿器

の病気を早く見つけることができると思います。

神経質にならない程度に
チェックを

　ただ、私は猫のおしっこのちょっとした変化を追いかけすぎないほうがいいと思っています。膀胱炎だとおしっこが濁ることがありますが、濁っているからといってかならず膀胱炎というわけでもありません。猫のおしっこは油を含んでいることが多く、異常がなくても濁っているのはよくあることです。

　また、最近はおしっこのpH値を測れる試験紙やトイレなどもありますが、つねに変動しているpH値には振り回されないほうがいいですし、あまり意味がありません。それよりもpH値がたまたま上がっただけで病気ととらえ、原因を調べないまま療法食を始めるほうが問題だと思います。

　なによりもつねにトイレを見張られているほうが猫にとってはストレスになり、出るものも出なくなってしまいます。

量や回数は猫によってそれぞれ

　おしっこの適正の量や回数は猫によっ

ても違うので、一概に「これが理想」とはいえません。自分が毎日何ccのおしっこをしているか知っている人はあまりいませんよね。

目安としては以前より回数や量が変わっていないか、増減に気づけるのがいいと思います。

たとえば頻尿かどうかを知る場合、1日に何回したら頻尿という目安はありません。トイレに入ったり出たりをくり返し、いつもと様子が違うようだったら頻尿と思っていいでしょう。

おしっこが濃い、薄い問題

尿検査の項目のひとつに「尿比重」（p.56）というものがあります。おしっこの中に溶けている成分の含有量を示す指標で、尿比重が高い＝おしっこが濃いと、結石の原因となるミネラルが濃縮して存在していることになり、尿路結石症や特発性膀胱炎の発症要因にもなります。

反対に尿比重が低い＝おしっこが薄いと、腎臓の濾過機能が低下していることを示します。糖尿病でも薄いおしっこをたくさんするようになります。

また年齢が進んで10歳以上くらいになると自然とおしっこを濃くする力が低下していき、だんだん薄いおしっこをす

るようになります。そのため10歳を超える猫では、細菌感染による細菌性膀胱炎（p.24）が増えることがあります。

つまり若いころは特発性膀胱炎や尿路結石症という尿が濃いことで発症しやすい病気に注意し、高齢になってきたら感染症など、尿が薄いことで発症する病気に注意する必要があるということです。

尿検査に採尿は必要？

私は、もし飼っている猫のおしっこをとってきてくださいといわれたら困惑します。「無理ですね」と答えるしかありません。うちの猫はフードカバーつきのトイレで顔をこちらに向けておしっこをします。フードをはずしたら絶対におしっこはしないので、自宅で採尿はできないとあきらめています。

採尿は病院で、膀胱に針を刺してできるので安心してください。針を刺すというと、ちょっと痛そうに聞こえるかもしれませんが採血と同じくらいの感覚です。

また病院によっては棒の先端にスポンジがついた採尿用の道具をくれるかもしれませんが、検査前6時間以内のおしっこが必要です。採ってきていただけるなら猫への負担は少なくなりますが、無理だったとしても問題ありません。

好きなトイレはどれ？

　猫がお気に入りのトイレで気持ちよくおしっこができるのは泌尿器疾患を予防するためにも、とても重要なことです。動物行動学的にいえば、猫のトイレ管理の理想は以下のようなことでしょう。

トイレの管理チェック

☐ トイレのサイズは猫の体の1.5倍

☐ フードカバーなし

☐ 無香料の固まる砂

☐ 毎日こまめに掃除

☐ 週に1回は砂を全部とりかえる

☐ トイレは各階に置く

　もちろん猫を飼い始めるときにこういう基準があるとわかりやすいと思いますが、すべての猫に共通するような基準を見ると、つい疑問に思ってしまいます。「固まる砂が嫌いな猫はいないのか？」「うちの猫はフードカバーがないとトイレと認識しないぞ」「そんなにトイレを置くスペースがあるのか？」などと。

　トイレの形や猫砂の形状・素材も、それぞれの猫に好き嫌いがあります。飼い主さんの掃除のしやすさや、処理のしやすさもポイントだと思いますが、数ある選択肢の中から猫の好みのものを見つけてあげましょう。

トイレの種類

●箱型タイプ

　底が平らな長方形の箱型。シンプルな形で洗いやすい。猫砂を入れて使う。

●すのこタイプ（システムトイレ）

　消臭効果が続く固まらない砂におしっこを通過させ、すのこの下の専用シートで吸収。掃除の回数が減らせる。

●フードカバーのタイプ

フードカバーなしのものからハーフカバー、完全フードカバーつきがあります。

ハーフカバー

完全フードカバー

猫砂の種類

猫にとっては粒のサイズや手触りで好みが分かれるようです。飼い主さんとしては、飛び散りや処理方法が気になるところだと思います。

●鉱物系 ベントナイト

砂場の砂のような細かい粒。よく固まるけれど肉球にはさまりやすく、なめて体内に入ってしまう可能性も。自治体により不燃ゴミで処理。

●食物系 おから

１cm大くらいの細長い粒。ゆるやかに固まり、トイレに流せるものが多い。独特のにおいがある。

●紙系 再生パルプ

紙なのでやわらかく、細長い粒。軽いので飛び散りやすく、ほこりっぽいことも。トイレに流せるものが多い。

●化学物質系 シリカゲル

５mmくらいの丸い粒。消臭効果が高く、ほとんど固まらない。自治体により不燃ゴミで処理。

●木系 おがくず

木屑を固めた細長い粒。比較的軽く、散らばりやすい。可燃ゴミで処理。

口コミ隊が行く！
ボク、ワタシの好きな遊びはこれ

ポンポン跳ねるボールを追っかけるよ

フェルトボール

2

銀次郎

カシャカシャ音がなるのが楽しい！

3

ハナ

セロファンの猫じゃらし

ふわふわぴゅんぴゅんすると興奮しちゃう

鳥の羽の猫じゃらし

10

タビ

11

これだけは飽きないわ

マタタビ入りのぬいぐるみ

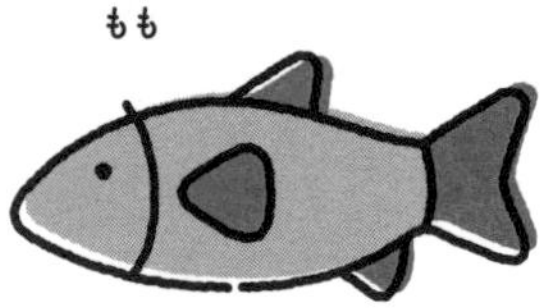

もも

うさぎの毛のマウス

噛みごたえがいいの

9

ポッチ

第3章

もしかして、
腎臓病？

健康診断などでたまたま、
腎臓病に関わる数値が
悪いことがわかったら……。
治療を始める前に知っておきたい
予備知識と症例を紹介します。

検査数値の意味と見方

ここからは、ちょっと専門的な話になります。実際に動物病院で腎臓病と診断されたとしたら飼い主さんはさまざまな不安に駆られると思います。

血液検査や尿検査の数値が持っている意味や判断の仕方が少しでもわかれば、必要以上の不安はとり除かれるかもしれません。腎臓病に関わるおもな指標について解説します。

血液検査の指標

	単位	基準値
BUN（尿素窒素）	mg/dl	15.6〜33.0
Cre（クレアチニン）	mg/dl	0.75〜1.85
P（リン）	mg/dl	2.6〜6.0
Ca（カルシウム）	mg/dl	8.2〜12.1
Na（ナトリウム）	mEq/L	147〜156
K（カリウム）	mEq/L	3.4〜4.6
SDMA（腎機能マーカー）	μg/dl	1〜14

知っておきたい血液検査の数値

●クレアチニン［Cre］

体内には筋肉が運動するためのエネルギー源となる「クレアチンリン酸」という物質があります。これが代謝された後にできる老廃物が「クレアチニン」で、腎臓で濾過され、尿として排出されます。腎臓からしか排出されないので、血中のクレアチニン濃度が上昇していれば、腎臓の機能が低下していることになります。基準値は検査会社によって変わりますが、当院では1.8で、それを超えていると腎臓の機能が低下している可能性があると診断します。

とはいえ基準値を超えていなくても機能が低下しているときがあります。たとえばもともとクレアチニン値が1だった猫が1.3になっていたら、基準値を超えていなくても腎臓の機能が徐々に低下してきているとみたほうがよいと思います。ただし変動する指標なので、増減に一喜一憂する必要はありません。3回以上の検査でその変動をみることが重要になります。

むずかしいのが、基準値を超えると上昇するスピードが変わることです（右ページグラフ）。たとえばクレアチニン値が1から2になったら腎臓の機能は20

％程度下がっていますが、クレアチニン値が４から６に増加しても、実際に腎機能は５％程度しか低下していません。いずれにしても、基準値を超える前から、健康診断などで「前よりクレアチニンの数値が上がっているね」と気づくのがベストです。

　クレアチニンの問題点は、筋肉量によって数値に幅が出ることです。筋肉量の多い猫は、腎臓の機能に異常がなくても高い数値が出ることがあります。

　また高齢になるほど筋肉量が落ちるので、腎臓が悪くてもクレアチニン値が上がりにくくなります。同じ「２」という数値でも、４歳と15歳では、15歳のほうが深刻といえるでしょう。

　このように、クレアチニンは腎臓の働きを評価するための大事な指標ではありますが、これだけですべてを判断することはできません。ほかの数値と合わせてトータルに考える必要があります。

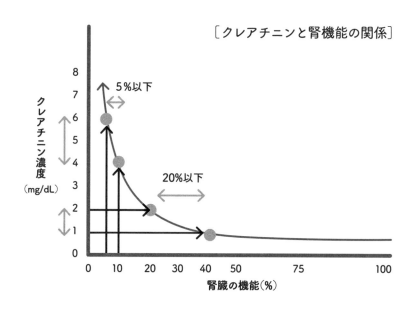

［クレアチニンと腎機能の関係］

●尿素窒素〔BUN〕

血液中の尿素に含まれる窒素成分のこと。たんぱく質が利用されたあとにできる代謝物で、通常は腎臓で濾過され、尿中へ排出されます。

腎臓の機能が低下すると、濾過しきれない分が血液の中に残るので、数値が高くなるほど腎臓の働きが落ちていることになります。

だいたい30が基準値ですが、高たんぱく質のものを食べると一時的に上がることがあります。またステロイドを飲んでいたり、甲状腺機能亢進症という症状があったりするなど、腎臓の機能以外で上がることも多いので、やはりこれだけで判断せず、ほかの数値と合わせてみることが必要です。クレアチニンよりも変動しやすく、この数値は目安程度でかまいません。

●SDMA（腎機能マーカー）

たんぱく質が分解されるときにできる物質で、90％以上が腎臓で捨てられるため、SDMA値が高ければ腎臓の機能が落ち、血中に残っていると考えます。クレアチニンよりも筋肉量の影響を受けず、感度の高い腎機能マーカーとして、腎臓病の早期発見につながると注目を浴びるようになりました。14が基準値で、それを超えたら異常とみます。

ただ、腎機能とクレアチニン、SDMAの関係のグラフを重ねると、ほぼ同じになるのです。ということは、クレアチニンには筋肉量に影響されてしまう問題点はありますが、SDMAとそれほど違い

が大きいとは思えないのです。SDMAにはそんな数字のマジックのような面があるのではないかと思います。

とはいえ筋肉量や体重に影響されないので、高齢の猫ややせた猫にはクレアチニンの代替になると思います。将来的な慢性腎臓病の発症や進行を予測することもできるでしょう。ただしSDMAが上昇した猫の何％が将来悪化するのかははっきりしていません。

知っておきたい尿検査の数値

●尿比重〔S.G.〕

水を1としたときの尿の重さの比を表します。いわゆる尿の濃さのことで、猫の場合、1.02が基準値です。それより低ければ腎臓で尿の濃縮が行なわれていない薄い尿が出ていることになり、腎機能が低下していることになります。

ただし、薄いことが異常ということではありません。腎臓病ではかならず尿比重が低くなるわけではありませんが、尿がつねに薄い場合には、脱水しやすいリスクがあります。

●pH値

水素イオン濃度指数を示す言葉で、酸性・アルカリ性を表す単位です。pH7が中性で、それより低いと酸性、高いとアルカリ性です。尿がアルカリ性に傾いた状態が続くと、尿中のリンやマグネシウムの結晶が固まり始め、ストルバイト結石の原因になります。また、アルカリ性の環境では雑菌が繁殖しやすくなるため、細菌性膀胱炎（p.24）や尿道炎（p.26）を起こしやすくなります。とはいえpH値は一日の中で大きく変動します。pH値ばかりにとらわれる必要はありません。

●尿たんぱく〔PRO〕

人や犬の場合、たんぱく尿が腎臓の組織のダメージを見る目安になりますが、猫の腎臓病にはたんぱく尿が出ないタイプが多く、そのことも早期発見がむずかしい一因になっています。たんぱく尿がたくさん出るタイプの腎臓病は「糸球体腎炎」(p.31)ですが、猫の多くの慢性腎臓病では、たんぱく尿が出るのは進行してからで、予後が悪い指標になります。

COLUMN.9
数値は目安。
でも数値を見なければ始まらない

私はもともと大学時代に心臓・循環器専門の研究室に在籍していました。循環器の病気を抱えている犬や猫の中に腎臓病を発症している子が多いため、腎機能の検査の役回りがよく回ってきました。それが腎臓の専門医になったきっかけです。

学生時代、機能検査をやっていたときは数値が異常であれば腎臓病、だから腎臓病用療法食と薬の投与で治療、と思っていました。でも大学院が終わるころ、機能検査だけで診断や治療をしてもなにも解決しなかった、と気づきました。

どうして腎臓の機能が低下しているのか、どういうふうに進行しているのか、よくよく患者の猫たちを観察すると、原因や病態によって大きく異なり、機能だけを見るのではなく、それらの要因を含めて考えなければ治療の効果がないと思いました。

当院では泌尿器疾患との関連がある腎臓病の猫が多く、治療は泌尿器に対して行なうことも多いです。

検査の数値で飼い主さんは一喜一憂されるかもしれませんが、1つずつの数値に振り回される必要はありません。でも数値を見なければなにも始まらない。トータルで捉え、経過を見るようにしていきましょう。

腎臓病の
治療はどう進む？

慢性腎臓病には
ステージがある

　猫の慢性腎臓病にはクレアチニンの数値をもとに、進行具合によって1から4までのステージ分類があります。

　国際獣医腎臓病研究グループ＝（The International Renal Interest Society）＝IRISが作っているもので、ステージごとに推奨治療のガイドラインを設けています。

　検査数値の異常が出るのはステージ2からで、ステージ3以降から腎臓機能の低下が進み、「食べない」「吐く」などの尿毒症の症状が出てきます。

　ステージ分類ができたことで、腎臓病の段階や治療方針の理解は進み、どういうふうに治療をしていくか飼い主さんにも説明しやすくなったと思います。

早期発見は
可能になったけれど……

　このようなガイドラインがあるため、まだこれといった症状がない時期から慢性腎臓病に気づくことが重要と考えられるようになりました。しかし現状では、腎臓の機能が低下しているかどうかのみが重要視され、低下していれば治療を開始しようという流れになってきているように感じます。

　早期に見つけることは重要です。しかし早期になるほど、どんな治療をすべきかが、じつはまだ明確に決まっていないのです。

　猫の腎臓病の多くは、進行が速くはありません。なにが悪化させる要因なのかをしっかり見極めてもらう必要があると思うのです。泌尿器の病気が関係してい

ステージ	クレアチニン値	食事中のリン制限	食事中のたんぱく質制限	塩分制限
1	＜1.6	×	× たんぱく尿があれば○	高血圧があれば○
2	1.6-2.8	○	× たんぱく尿があれば○	高血圧があれば○
3	2.9-5.0	○	○	高血圧があれば○
4	＞5.0	○	○	高血圧があれば○

れば、そのコントロールが腎臓病の悪化を防ぎますし、もちろん遺伝的な病気であれば、なにをしても進行を抑制することはむずかしくなります。

腎臓病用療法食は慎重に

　腎臓の機能が低下すると、たんぱく質に含まれるリンが排出できなくなり、それが腎臓病を悪化させる要因になります。そのため腎臓病用療法食は低たんぱく質・低リン食で、リンの摂取がおさえられるようコントロールされています。病院で処方されるもので、スーパーなどでは買うことができません。

　IRISのガイドラインでは、ステージ2から推奨していますが、腎臓病用療法食を与えられていた猫の一部に高カルシウム血症（p.60）が認められることがあり、療法食の変更を余儀なくされることもあります。泌尿器の病気を合併している場合、尿路結石症予防の市販のフードの使用が考慮されることもありますが、水を飲ませるためにあえて高塩分にしているものがあります。腎臓病の猫は高塩分のものは避けなければいけないので、注意しましょう。

腎臓病の治療は
すべて対症療法

　ステージ分類ではクレアチニン値が使われているものの、数値だけで腎臓病の重症度は判断できないと思っています。筋肉量によって変動するため、高齢の猫や腎臓病が進行した猫では筋肉量が少なく、病気の段階を過小評価してしまうおそれがあるためです。合併症（p.60）の有無や所見により、腎臓の病状がどうなっているのか、治療が必要なのかを判断する必要があります。高リン血症、腎性貧血や高血圧、脱水などの合併症があれば、それに対しての治療を積極的に行なう必要があります。これらの合併症は早期からも認められることがありますが、多くは進行したステージで発生します。

　腎臓病は治ることはありません。でも機能を温存し、進行を遅らせることは可能です。そのためになにができるのかを慎重に見極めることがたいせつです。

　療法食をはじめ、これでだいじょうぶという確実な方法はありません。治療が逆に悪影響を与えてしまうこともあります。できることは、その患者さんにとってなにが問題で、どんな合併症を発症しているのか、それに対する治療をして経過を観察することを続けていくことです。

腎臓病の
合併症

　腎臓の機能が低下すると、さまざまな合併症を発症します。腎臓病の治療は、それぞれの合併症への対症療法になるため、代表的なものを解説します。

●高リン血症と高カルシウム血症

　リンは体内でエネルギーの運搬を行ない、細胞膜の構成成分となり、カルシウムとともに骨の主要な成分にもなります。

　血液中のリンは厳密にコントロールされていますが、腎臓の機能が低下すると、リンを排出することができず、血液中にリンが増え、高リン血症となります。

　血液中のリンの濃度が増加すると、それを下げようと上皮小体（副甲状腺）から「パラソルモン」というホルモンが分泌されます。このホルモンは腎臓からリンの排泄を促すのですが、腎臓病では、腎臓の機能が低下していると、リンを排泄できません。

　また、このホルモンは骨からカルシウムを分離させたり、腸からカルシウムの吸収を促進させたりして血液中のカルシウムを増やす作用もあります。そうすると、血液中のリンとカルシウムが増加していきます。リンとカルシウムが結合し（水アカのようなものと思ってください）、骨以外のところに骨のようなものを作ります。これを「石灰化」といい、その組織を破壊していきます。これによって腎臓や血管が壊され、病気が進行していきます。

　治療として血液中のリンの濃度を下げることが必要になります。低リン食である腎臓病用療法食にするのが基本で、それでも下がらなければ、食物中のリンと結合して吸収させないようにする「リン吸着剤」（p.90）を使用します。

　またリンの濃度は上がらないのにカルシウムの濃度だけが上がる「特発性高カルシウム血症」というのが猫にはあって、原因は不明ですが、低リン食である腎臓病用療法食の摂取が一因であることが知られています。軽度であれば症状はほぼありませんが、体重が減ったり多尿になったりすることがあり、結石の原因にもなります。その場合、腎臓病用療法食をいったんやめるか、リンの含有量が少し多めの一般のフードと半々にするか、リンの量をおさえたシニア用のフードにするなどの対応をします。

●カリウム欠乏

　カリウムは体内に含まれている余分な塩分を体の外に出す働きをし、血圧を下げるミネラルとして知られています。

　筋肉量が低下すると細胞の数が減り、体内のカリウムの貯蔵量が減ってしまい

ます。犬や人ではほとんど認められないのですが、腎臓病の猫では20〜30％の割合でカリウム欠乏が起こります。なんらかの要因で腎臓からのカリウムの排泄が増加することが考えられますが、はっきりした原因は不明です。

　基準値は3.4〜5.2で、それより低いとカリウムの補充が必要になります。

●高血圧

　腎臓の機能が低下したり交感神経が活性化したりすると、血圧を上げるホルモンが分泌され、高血圧になります。血圧が上がれば腎臓の血管にダメージを与え、腎臓病が進行しやすくなります。

　そこで検査では血圧を測ることもたいせつで、猫の場合、収縮期血圧（上の血圧）が160mmHg以上を高血圧とみなします。

　人には、医者の白衣を見ると血圧が上がる「白衣高血圧」という状態があります。猫も同じで、病院に来るだけで血圧が上がってしまいがちなので、本当は自宅で測るのが理想なのですが、家庭向けの器具が開発されていないため病院で測るしかありません。猫の場合、血圧は上腕やしっぽで測ります。高血圧の場合は血圧を下げる薬を処方します。

●腎性貧血

　腎臓は「エリスロポエチン」という赤血球を作るホルモンを作っています。腎臓の機能が下がると、エリスロポエチンが分泌されず、赤血球が少なくなり「腎性貧血」という状態になります。

　重度になると口の中の粘膜が白くなり、元気も食欲もなくなります。治療ではエリスロポエチンを投与し、鉄分を補給します。

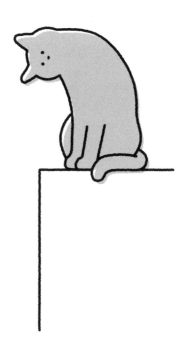

●脱水

　腎臓病になると、ちょっとしたことでも脱水しやすくなります。腎機能が低下して尿を濃くできない状態になるためです。本来であれば、水分の摂取が足りないときには水分を再吸収して濃い尿を作って体に水分を保とうとするのですが、腎臓病ではそれがむずかしくなり、尿として水分が出てしまい、体内に水分が足りない状態＝脱水になるのです。

　脱水が起こると皮膚の弾力がなくなり、粘膜が乾きます。口の中を触ってみて乾いていると感じたら、脱水している可能性があるので、水分をとらせるようにしましょう。脱水症状のコントロールは水分摂取につきますが、重度になって食欲が落ちていると水も飲みたがらないので、そうなると入院して点滴を行なうしかありません。それでほとんどの場合回復しますが、再発を防ぐためにも水分の多いウェットフードを与え、なるべく水を飲ませるようにしましょう。自力で水分を摂取しても脱水してしまい、腎臓の機能が低下してしまう場合には、定期的な皮下補液が必要になります。

●尿毒症

　尿毒素には食事から摂取したたんぱく質から作られたものや、体内のたんぱく質から代謝されたものなど非常に多くの物質が含まれます。

　そのうち、内科的治療で減らすことができるのは、食べたものから作られる尿毒素のみです。尿毒症になるのは腎臓病がかなり進行しているときで、食欲もな

くなってきます。

　治療としては、「クレメジン」や「コバルジン」という活性炭のような薬を投与し腸内で老廃物を吸着、排出させます。

　将来的には人と同じプロ・プレバイオティクスの下剤やサプリメントも有効になるかもしれませんが、乳酸菌についてはきちんとした効果が証明されているものは猫ではまだひとつもありません。

COLUMN.10
腎臓病の猫の
体重管理

　健康な猫ならまだしも、腎臓病の猫や高齢の猫にダイエット（減量）は禁物です。ダイエットをすると筋肉が落ちます。筋肉量が減ると腎臓病の予後が悪くなります。合併症によっては体重が減ることがあるので、そのことにできるだけ早く気づくために、日ごろから家でもこまめに体重を量ることをおすすめします。そして100gでも減っていれば、食事量や食欲の管理が必要になると思います。

「リン」の制限

リンをコントロールする食事療法

腎臓の機能が落ちるとリンというミネラルが排出できなくなります。そのため腎臓病の食事療法はリンのコントロールとなり、ガイドラインではステージ2から低たんぱく質、低リンの療法食を始めることを推奨しています。

低リンは100g中0.3〜0.6g、低たんぱく質は100g中30gくらいを示します。

でも、たんぱく質を制限すると筋肉量が減ることもわかっていて、腎臓病の患者はやせるほど予後が悪いことも知られています。そのため、人の場合では低たんぱく質食に切りかえるのは腎臓病が進行してからで、その制限の程度も段階的に行ないます。

私は、猫の場合も早期から積極的に療法食を与えるのがいいとは考えていません。ステージ1〜2なら充分な水分摂取を心がけてもらうことがいちばん重要だと思っています。

そしてステージに合わせ、段階的なリン制限をするのがいいと思い、表のような食事管理を提案しています。

慢性腎臓病の猫の食事管理の提案

	リン制限	たんぱく質制限
ステージ1	高リン食を避ける	高たんぱく質食を避ける
ステージ2	通常〜ゆるやかなリン制限	
ステージ3	リン制限＋必要に応じてリン吸着剤	中程度のたんぱく質制限
ステージ4	リン制限＋リン吸着剤	＊アミノ酸バランスが優れたものを選択

早期のうちは高たんぱく質、高リン食を避ける程度、ステージが進んでからはゆるやかにリン制限をしていきます。

血液中のリン濃度が正常であれば、ステージ2でも療法食にかえる必要はないと思います。ただ、たんぱく質が40％を超えるような高たんぱく質のフードはリンの含有量も高い可能性があるので、避けてもらうようにしています。フードの成分表を見て確認してください。

ステージが進んでしまったら、やはり療法食は必要です。リン制限食は腎臓病の猫を延命させることが証明されている唯一の治療法になります。

腎臓病用療法食の問題点

最近「サルコペニア」という言葉が獣医療でもいわれるようになりました。加齢や疾患により筋肉量が減少し、筋力が衰え、身体機能の低下が起こることです。

おもに人の場合の、高齢者の栄養状態や生活などに影響する要因ですが、犬や猫でもやせていると余命が短くなることが報告されています。

筋肉量の維持にはたんぱく質の摂取が不可欠ですが、腎臓病用療法食は低たんぱく質食でもあるため、筋肉量の低下を招く可能性があります。

人のデータを見ると、たんぱく質の摂取だけで筋肉量の低下が防げるわけではないようです。筋肉を増やすには、やはり運動が必要だと思います。

人の場合も腎臓病では運動した方が死亡率が下がるといわれていますし、マウスの実験でも、運動させたほうが腎臓病の障害が抑制されるという研究結果があります。

猫に適切な運動はなにかという明確な基準が今はありません。可能な限り、階段を上り下りさせたり、遊んであげたりといった運動を推奨しています。

早期ステージのフード選び

では療法食以前のフード選びはなにを目安にすればいいでしょうか。

猫の一般的なドライフードはだいたい、たんぱく質の含有量が35〜40％弱に調整されています。これらのフードなら、基本的に問題ありません。

穀類＝グレインを使用していないグレインフリーのフードは、多くが40％を超える高たんぱく質の設計になっています。高たんぱく質ということは、同時にリンの含有量が多い可能性があります。

猫は肉食動物だからたんぱく質の多い食事を、という考えもありますが、腎臓病になってしまった場合には話が別なのです。

実際に、たんぱく質やリンが通常より高めのフードを与えると、将来的に腎臓の機能が低下するという報告もあります。

また療法食の中にはヒルズとピュリナというメーカーから早期のステージ向けのたんぱく質を調整したフードが出ています。筋肉の維持に必要なたんぱく質の量を保ちながら、リンの量をおさえています。獣医師の処方が必要なものもあるので病院で相談してみてください。

オメガ3不飽和脂肪酸を含む療法食

　健康によいと注目されているオメガ3不飽和脂肪酸は、動物にも当てはまります。腎機能の低下を抑制することが犬の実験で証明されています。これは猫にも当てはまると思います。そのため腎臓用病療法食はオメガ3不飽和脂肪酸が含まれています。

プリスクリプション・ダイエットk/d
早期アシスト／㈱日本ヒルズ・コルゲート　☎0120-211-323

ピュリナ プロプラン ベテリナリーダイエット NF 腎臓ケア 初期ステージ対応／㈱ネスレ ピュリナ ペットケアお客様相談室　☎0120-262-333

塩分はほどほどがいい

　尿を濃くできる猫は、じつは塩分の排泄がうまい動物です。人よりもずっと塩分耐性があり、健康な猫ならきちんと水分をとり、塩分を過剰摂取しなければ、ほとんどの場合問題ありません。
　ただ腎臓病の猫の場合、高塩分食は疾患の悪化につながります。普通のフードや高塩分ではない療法食を食べている限り心配はいりませんが、人の食べ物などで塩分が多いものは避けてください。

COLUMN.11
人の食べ物はたまに、少しだけ

　煮干しやカツオ節、ハムやかまぼこなどを好む猫もいると思います。これらの加工品は塩分を含んでいますが、健康な猫なら、多少食べても問題ありません。
　人の食べ物を毎日食べたり大量に食べたりするのはよくありませんが、たまに、少しだったら問題ないでしょう。ただ、キャットフードの食事をしたうえにこれらを食べると、エネルギーや塩分が過剰になったり、たんぱく質をとりすぎたりします。なにごともバランスが重要です。

慢性腎臓病の症例

ステージ4でも食欲を維持

◆症例1. くろちゃん（3歳 避妊 メス 雑種）

左の腎臓に大きな結石が……

くろちゃんは今まで病院にかかるような病気をしたことがなかったのですが、血尿をしたとのことで動物病院にかかったところ、血液検査で腎機能の数値が大きく上昇しており、また左右両方の腎臓に大きな結石が見つかりました。

治療方針の策定のために、当院に紹介されました。食欲や元気には問題がなく、腎臓病の症状によくある多飲（水を極端に飲む）などの症状もありませんでした。身体診察でもおなかを痛がるなどは認められませんでした。

超音波検査では、非常に大きな石が左右の腎臓の中を占めており（p.68写真1）、左側の結石は腎臓から尿管まで伸びるように大きくなっていました。腎臓は変形しており、すでに大きくダメージを受けてしまっていることがわかりました（p.68写真2）。

腎臓の機能も低下し、構造も変形していることから、くろちゃんを慢性腎臓病と診断し、原因はこの大きな結石と判断

しました。

人でいわれており、犬や猫では証明されていませんが、ある程度大きな腎結石は腎臓にダメージを与えることが知られています。小さな結石は大きな影響を与えることはないのですが、ある程度の大きさになった結石が長期間にわたって腎臓内に居座っていると腎臓を壊していきます。

尿管切開で石をとり出す

治療は腎臓病の進行を抑制することにありますが、その原因は腎結石にあるので、これをどうにかしなければなりません。しかし、腎結石をとり出すには、腎臓を開かなければならず、それはあまりにダメージが大きいのです。

しかし、左側の結石が尿管内にまで伸びていたので、尿管を切開することで結石をとり出せると考え、左側だけ摘出することにしました。

写真（p.68）はとり出した石です。結石はキサンチン結石という比較的珍しい

石でした。これはキサンチンを分解する酵素が遺伝的に欠損しているために発生するものです。治療（というよりはこれ以上結石ができないようにするための予防ですが）はキサンチンの元の物質であるプリン体が少ないフードにする必要があります。

食事療法と皮下補液を継続

　キャットフードで低プリン体食はないので、低たんぱく食である腎臓病用療法食にし、ウェットフードをエネルギーの半分以上になるようにしてもらいました。
　その後は細菌性膀胱炎になったり、一時的に腎盂腎炎になったりをくり返しましたが、初診から6年半経過しています。
　右側の結石がとれなかったこと、腎盂腎炎などの病気も併発したことから徐々に腎機能は悪化し、今は数字上ではステージ4になっています。それでも食欲はある程度は維持し、腎臓病用療法食を継続できていて、1〜2日に1回の皮下補液を行なっています。
　進行を完全におさえることができたとはいえませんが、ステージ2から3への進行を6年間にわたって維持でき、原因の半分をとり除いたことは大きいと思っています。

初診時のくろちゃんの血液および尿検査の結果

BUN	mg/dl	45.3
Cre	mg/dl	2.6
P	mg/dl	5.2
Ca	mg/dl	11.1
Na	mEq/L	154
K	mEq	3.9
SDMA	μg/dl	120

尿比重	1.009
蛋白	陰性
潜血	陰性
尿糖	陰性
沈渣	特に異常なし

くろちゃんの慢性腎臓病の経過と進行

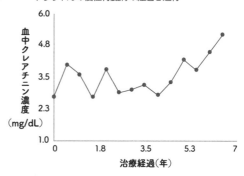

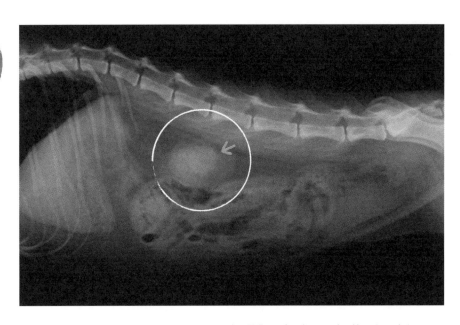

写真1. くろちゃんのX線写真。丸で囲まれているのが左の腎臓で、中に白く写る丸い結石があります。

とり出した左側の腎結
石（キサンチン結石）
の写真です。砕きなが
らとり出しました。

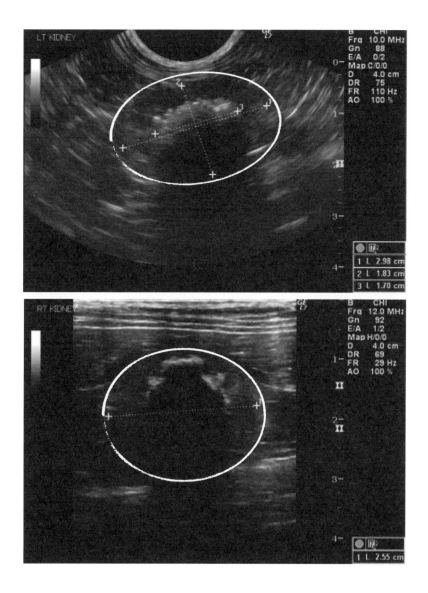

写真2. くろちゃんの腹部超音波写真。上が左の、下が右の腎臓です。腎臓の真ん中に結石があります。両方とも腎臓の長径が3cmをきっていて、小さくなっています（猫の腎臓の大きさはだいたい3〜4cm）。

3年後、クレアチニン値が正常値に

◆ 症例2. アルトちゃん（7歳 去勢 オス 雑種）

急性腎不全の深刻な状態

アルトちゃんは、突然の何度もの嘔吐、食欲廃絶、元気がないといった症状を示し、動物病院で腎不全と診断され、当院に紹介されました。

かなり脱水しており、腎機能の数値は大きく上昇していました。腎臓の構造は、腎盂がわずかに拡張していた以外は大きく問題がなく、貧血もなかったことから、急性腎不全と診断しました。

膀胱に尿がまったく溜まっておらず、尿検査はその時点ではできませんでした。家族の話を聞く限り、腎臓に障害を与えるような薬剤（抗菌薬や鎮静薬）や腎毒性物質（ユリ科の植物、エアコンの冷却水など）を摂取してはいなさそうでした。また、腎盂の拡張と猫の炎症の指標である血清アミロイドAが9.2 μg/mL（当院での参考範囲は6.5まで）と上昇していたことから、急性腎不全の原因は感染症である腎盂腎炎と仮診断しました。

その後慢性腎臓病へ移行

点滴を行ない、脱水を改善させましたが、腎臓の機能が完全に停止し、尿がまったく作られない「無尿」という状態でした。

無尿の場合はかなり危険で、死亡することも多いのですが、治療開始から3日後には尿の産生が認められ、それに伴って腎臓の機能も回復していきました。クレアチニン値は初診時の19.6から2.7まで改善しましたが、腎機能の低下は残りそうでした。食欲もある程度回復したので、治療開始から7日で退院としました。

それから1週間後、1か月後、3か月後と間隔をあけながら、経過を見ていましたが、クレアチニンの数値は2.5からこれ以上下がることはなく、急性腎不全から慢性腎臓病に移行したと判断しました。

3年後、腎機能が改善

急性腎不全が原因で慢性腎臓病になる猫は少なくありません。治療はウェットフード（普通の維持食です）を食べさること以外に、特別なにもしませんでした。

血液中のリンが正常だったことと、水分摂取がもともと少ない猫だったので、もう一度腎盂腎炎にならないようによく水分を摂取してもらうことを優先しました。

　それから2年間にわたって、クレアチニン値は2〜2.5を維持しましたが、初診から3年後には1.8、5年後には1.6と正常値になりました。半年に1回の健診でずっと見ていますが、特に治療は行なっていません。

　急性腎不全から慢性腎臓病に移行する患者さんは多いです。その場合には、慢性腎臓病の治療を行なっていくことが基本ですが、数年かけて腎機能が改善していくこともあります。治ったというよりは、壊れず残った腎臓の組織が機能を上昇させたのではないかと思います。これを「代償」といいます。

　急性腎不全になった原因は腎盂腎炎と診断しましたが、アルトちゃんは腎盂腎炎が再発しなければ慢性腎臓病は悪化しないことを証明しています。腎臓病だからといって食事療法や投薬などの治療をすればすべてよい、というわけではないのです。

初診時のアルトちゃんの血液検査の結果。無尿だったため尿検査はできませんでした。

BUN	mg/dl	182.6
Cre	mg/dl	19.6
P	mg/dl	21.0
Ca	mg/dl	8.6
Na	mEq/L	158
K	mEq	5.9
SDMA	μg/dl	125

尿比重	検査できず
蛋白	
潜血	
尿糖	
沈渣	

アルトちゃんの慢性腎臓病の経過と進行

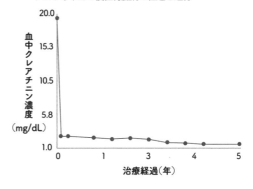

血中クレアチニン濃度（mg/dL）

20.0 / 15.3 / 10.5 / 5.8 / 1.0

治療経過（年）　0　1　3　4　5

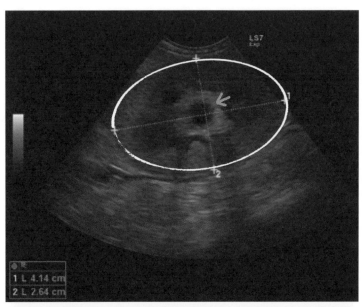

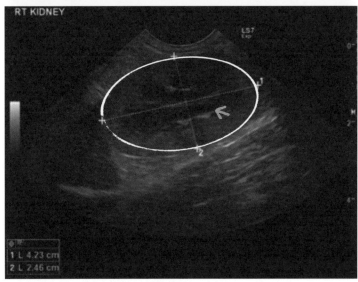

アルトちゃんの腹部超音波写真。上が左、下が右の腎臓です。左と右で腎臓の切り方が違うのですが、腎臓の真ん中の腎盂が黒く抜けています（矢印）。これを腎盂の「拡張」といいます。腎盂が拡張するときは尿管閉塞か腎盂腎炎という病気であることが考えられます。尿管にはなにもなかったので、腎盂腎炎と判断しました。

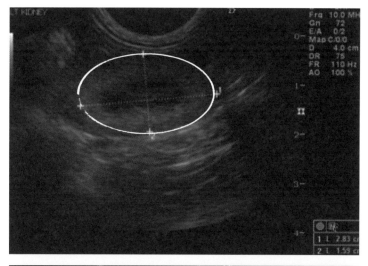

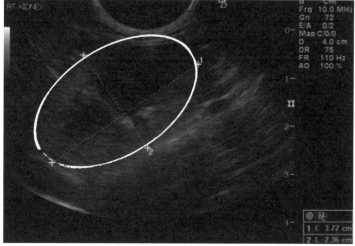

退院から1年後のアルトちゃんの腹部超音波写真。上が左の、下が右の腎臓です。左の腎臓はダメージが大き
かったようで、小さくなっています。この状況は5年たっても変わらず、おもに右の腎臓が働いていると思い
ます。

消化器用フードで数値が安定

◆症例3. メアリーちゃん（5歳 避妊 メス ロシアンブルー）

健康診断で数値に異常

　メアリーちゃんは健康診断で腎臓の数値の上昇が認められ、慢性腎臓病と診断されました。テルミサルタン（商品名「セミントラ」）を処方され、服用していましたが、腎臓病の治療方針の策定のために当院に来院しました。

　症状としては特になにもなく、元気も食欲もあり、身体診察でも特に異常な所見は認められませんでした。血液検査と尿検査の結果は右ページの表に示します。

　超音波検査では、右側の腎臓が非常に小さく（長径1.9cm）、左側の腎臓の大きさは問題なかったのですが（長径3.3cm）、腎盂内には3〜4mmの腎結石がありました。血圧は正常でした。腎臓の機能の低下と構造の異常から慢性腎臓病と診断しました。

　原因は不明ですが、結石があることから、過去に尿管に石が詰まるといった問題が起こっていたのかもしれません。

腎臓病の合併症も発症

　治療としては、ややリンが高めだったため腎臓病用療法食を与えました。腎結石がこれ以上大きくなったり、増えたりしないようにウェットフード中心の食事と上り下りなどの運動を推奨しました。

　たんぱく尿はなく、血圧も正常だったので、テルミサルタンの服用は中止しました。その後クレアチニン値は上がったり下がったりで、あまり腎臓病が進行することはなかったのですが、カルシウムの値が上がってきました。初診時からちょっと高めだったのですが、治療を開始してから7か月後には18mg/dLでした。

　猫でよく認められる高カルシウム血症は、「特発性高カルシウム血症」というもので、原因不明なまま血中のカルシウムが増加していくものです。理由はよくわかっていないのですが、尿を酸性化させる食事やリンを制限した食事で発症、悪化することがあるといわれています。

　高カルシウム血症は、腎結石の形成・悪化と関わるため（ほとんどの腎結石はカルシウム系の石です）、メアリーちゃんのカルシウム値を下げてあげなければなりません。そのため腎臓病用療法食と、一般的な成猫用のフードを半々で与えてもらうようにしました。

腎臓病用から
消化器用フードへ

　カルシウムの値は14まで低下したのですが、まだ高めでした。メアリーちゃんはたまに下痢をしてしまい、食事に反応するタイプの下痢と診断されていました。そこで腎臓病用療法食を完全に中止し、消化器用のフード（可溶性繊維が多く含まれるもの）に変更しました。下痢はそれ以降起こることはなく、カルシウムの値も正常値で維持できました。腎臓やリンの数値が特に大きく変わることはなく、治療開始から３年半が経過していますが、慢性腎臓病は進行していません。

　腎臓病用療法食はリンが少ないがゆえに、猫では高カルシウム血症と関連することがあります。このカルシウム値の上昇は軽度であることが多いため、軽視されたり見逃されたりしがちですが、尿路結石症になったことがある猫では要注意です。もし食事を変更しても慢性腎臓病が進行しないのであれば、経過観察で問題ありません。

初診時のメアリーちゃんの血液および尿検査の結果

BUN	mg/dl	35.5
Cre	mg/dl	2.93
P	mg/dl	5.5
Ca	mg/dl	12.5
Na	mEq/L	156
K	mEq	4.5
SDMA	μg/dl	119

尿比重	1.021
蛋白	±
潜血	陰性
尿糖	陰性
沈渣	特に異常なし

メアリーちゃんの慢性腎臓病とカルシウム値の
経過と進行

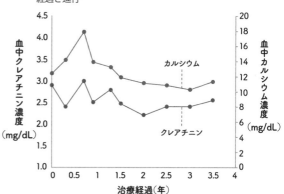

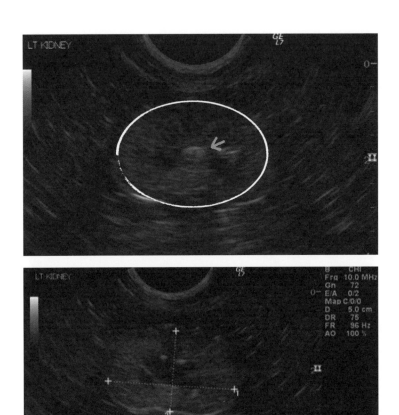

メアリーちゃんの腹部超音波写真。上下とも左の腎臓です。上の写真には腎臓の真ん中に腎結石があります（矢印）。腎臓の大きさは問題ありませんでした。

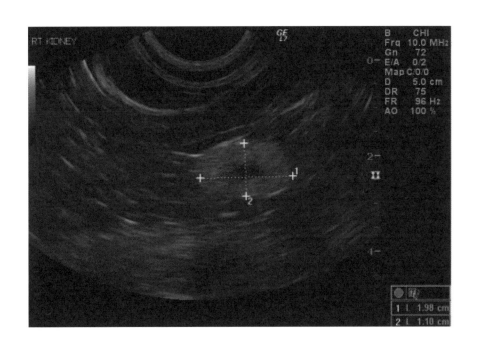

メアリーちゃんの右の腎臓の腹部超音波写真です。腎臓は小さく、中の構造も全体的に白っぽく見えています。

心臓病と合わせて経過観察

◆ 症例4. 小太郎ちゃん（6歳 去勢 オス アメリカンショートヘア）

腎臓が変形。心筋症の疑いも

　小太郎ちゃんは健康診断で超音波検査を行なったところ、右の尿管内に結石が見つかり、腎機能の数値も上昇していたことから、手術適応かどうかを評価するために当院に来院しました。

　症状は特になく、元気も食欲も問題はありませんでした。排尿にも異常は認められていませんでした。身体診察では、聴診で心臓に軽度の雑音が聞こえました。血液検査では腎数値の上昇、尿検査では尿比重の低下および潜血尿を認めました。

　超音波検査で、右側の腎臓はボコボコと変形しており、腎盂が拡がっており、尿管内に2㎜の結石が認められました。左側の腎臓には結石はありませんでしたが、こちらもかなりボコボコとした形状をしており、凹んだところは白くなり、削りとられているようでした。心臓の超音波検査では、心臓の筋肉の一部が厚くなっており、心筋症が疑われました。

関連の深い腎臓病と心臓病

　腎機能の低下と腎臓の構造異常から慢性腎臓病と診断しました。右側の腎臓は結石による尿管閉塞が原因と思われましたが、左側の腎臓は閉塞していなかったため、腎臓病の原因は「腎梗塞症」によると思われました。

　腎臓がかなりボコボコし、凹んだところが白く見えている「腎梗塞症」は、腎臓に巡る血管がなにかの理由で詰まった場合に起こります。また、重度の腎盂腎炎でも生じることがある所見ですが、この場合には「瘢痕化」といいます。猫ではこの区別をつけることが困難です。

　腎梗塞症の場合、原因不明なことが多いのですが、猫で一般的に認められる心臓病のひとつ、「肥大型心筋症」と関連することが知られています。小太郎ちゃんの心臓は一部が厚くなっており、肥大型心筋症が疑われました。そのため、腎臓の変形も心筋症と関連している可能性がありました。

食事療法と運動で経過観察

　治療は腎臓病用療法食のウェットフードを与えることにしました。また、結石の排出のために登ったり降りたりといった「３次元的な運動」をしてもらうよう推奨しました。結石は１つだけだったので、手術適応としませんでした。心臓病ではあるものの、心臓自体は大きくなったりしていなかったので、治療せず経過観察としました。

　３か月後の検査では、結石はなくなっていたものの、腎臓の数値はやや上昇してしまっていました。リンの上昇はなかったので、経過観察としています。

　猫の腎臓病はさまざまな病気と関連することがあります。その一つが心臓病です。猫の心筋症も診断がむずかしい病気ですが、腎臓病の病態から心臓病を疑うこともあります。

初診時の小太郎ちゃんの血液および尿検査の結果

BUN	mg/dl	62.8
Cre	mg/dl	3.0
P	mg/dl	2.9
Ca	mg/dl	9.8
Na	mEq/L	147
K	mEq	4.5
SDMA	μg/dl	119

尿比重	1.019
蛋白	＋
潜血	3＋
尿糖	陰性
沈渣	赤血球のみ

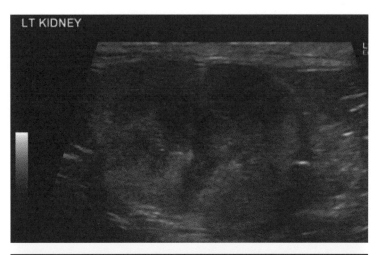

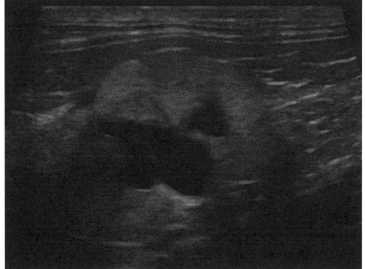

小太郎ちゃんの腹部超音波写真。上が左の、下が右の腎臓です。左の腎臓は辺縁がボコボコしており、やや白くなっています。右の腎臓は拡張していました。

第4章

腎臓病と
生きる

治療をしながらも、猫の生活の質を上げ、
なるべく楽しく、長生きするために
できることはなんでしょう。
飼い主さんが心がけて
おきたいことを解説します。

早期ステージで長生きする！

ステージ１、２でも長生きを目指せる！

慢性腎臓病は治らない病気ではありますが、ストレスが少ない暮らし、水分の多い食事などで、早期ステージ（ステージ１、２）のまま、進行しないで長生きする猫もたくさんいます。

２歳を超えると猫は人の４倍のスピードで年をとっていきます。10歳の猫なら、人でいうと56歳。慢性腎臓病がステージ１、２なら、まだおもだった症状はないので、このままなるべく長く、幸せに老後を暮らしていける可能性は大きいでしょう。

猫と人の年齢対比	猫の年齢	0〜1カ月	2〜3カ月	4カ月	6カ月	12カ月	18カ月	2歳	3歳	4歳	5歳	6歳	7歳	8歳	9歳	10歳	11歳	12歳	13歳	14歳	15歳	16歳	17歳	18歳	19歳	20歳	21歳	22歳	23歳	24歳	25歳
	人の年齢	0〜1歳	2〜4歳	6〜8歳	10歳	12歳	15歳	21歳	24歳	28歳	32歳	36歳	40歳	44歳	48歳	52歳	56歳	60歳	64歳	68歳	72歳	76歳	80歳	84歳	88歳	92歳	96歳	100歳	104歳	108歳	112歳	116歳

猫は７〜８歳でシニア期に入っていく。この時期に慢性腎臓病を発症するケースも多い。

運動も元気に長生きする秘訣

これまでお伝えしてきたように、腎臓病を進行させないためには、猫のストレス要因を特定してなるべくとり除くこと、水分の多いウェットフードをとり入れることに加え、適度な運動が必要です。

子猫や若い猫は非常に活発に遊び、動きますが、大人になると次第に落ち着き、食事やトイレ以外のむだな動きをしなくなるので、自然と運動量は減っていきます。

高齢猫の体力低下のサイン

□ じっとしている時間が増える

□ 全体的に動きがゆっくりになる

□ 高いところにあまり上がらなくなる

□ 瞬発力が衰える

□ 遊びに誘っても興味を示さない

　上記などは、大人猫ならではの自然な状態だと思いますが、運動不足によって筋肉量が減るのは、腎臓病の予後にも影響します。まだ充分に動ける猫なら、日々の暮らしの中で自然に体を動かせるくふうをしてみてください。

●フードの置き場所を変えてみる

　いつも同じ場所にフードがあると、そこへ食べに行く労力しか使いません。そこで、キャットタワーなどの高い場所に置いたり、2階に置いて階段を登らせたり、フードの器を点在させて探させたりしてみましょう。狩猟本能が刺激されますし、自然と運動量が増えます。

●遊び方を変えてみる

　遊ばなくなっているのは、同じおもちゃ、同じ遊び方に飽きて興味をなくしているだけかもしれません。おもちゃを変える、動かし方を変えるなどで、再び遊び心に火がつくケースもあります。

高齢猫には無理をさせない

　とはいえ、遊びたくない、なるべく動きたくない高齢猫に無理をさせるのは禁物です。加齢とともに、ジャンプができなくなったり、階段を踏み外したりと、老化に伴って運動能力が落ちてしまうのは自然なこと。一日のほとんどを動かず、寝て暮らしているのなら、生きるためのエネルギーを温存していると思って、そっとしておきましょう。その方が、猫にとってはストレスがありません。長い時間を過ごしているお気に入りの場所をなるべく快適に整えてあげましょう。

負担を軽くする
バリアフリーのくふう

　足腰が弱っていると、好きな場所へも登れなくなります。段差や傾斜がきつい場所を改善し、移動時の負担を減らしましょう。別の家具や板材で階段状のステップをつけたり、スロープをつけて登りやすくしたりすれば、またお気に入りの場所に行けるようになるかもしれません。トイレにさえ入りづらくなることがあるので、ステップを置く、スロープをつけるなどしてバリアフリー化しましょう。

食事を生きる力に

とにかく、食べることが大事！

　年齢とともに、食が細くなることもあります。腎臓病の場合は筋肉量を落とさないこと、やせさせないことがたいせつですし、なによりも食べることは生きる喜び、生きる力につながります。猫が食べたいもの、好きなものをぜひ見つけてあげてください。

　ステージ1、2までの腎臓病早期なら、療法食でなくても、たんぱく質やリンをおさえた市販のフードで問題ありません。

　高齢猫用のフードは、たんぱく質25〜35％、リンの含有量も低めにおさえられています。高齢猫だけでなく、腎臓病療法食が必要な若い猫の代替食にもおすすめです。

食べるためのくふう

　病気で本当に食べられない状態になっていない限り、食の細くなった老猫に、食べるためのくふうをしてあげてみてはいかがでしょうか。少しのくふうで、再び食べることに興味を持つようになる場合があります。

●フードは数種類用意しておく

　猫は、好きなものしか食べなかったり、昨日まで大好きだったフードに今日は見向きもしなかったりします。そんな食の嗜好も猫の特徴です。違うメーカーや違う素材のフードを数種類常備しておき、ときどき違う種類を試してみるのもいいでしょう。食事が惰性にならず、気分が変わって食欲が湧くことがあります。

●ウェットフードを温める

　嗅覚の鋭い猫にとって、フードの好き嫌いは、味というよりにおいにあります。ウェットフードは温めるとにおいが強くなるので、電子レンジで人肌くらいに温めて与え、においで刺激して食欲を呼び覚ましてみましょう。

●手作りのチキンスープや 魚のスープを加える

鶏肉や魚のだしが出た手作りのスープが、いつもの食事においしさを添えます。塩は使わず、素材を水煮しただけのスープをそのままなめさせたり、フードに加えたりしてみましょう。水分摂取量を増やすことにもつながります。多めに作り、冷凍しておくと便利です。ストックする場合は早めに使いきりましょう。

●刺し身、焼き魚、ヨーグルト、 チーズなど好物を少量与える

もし、フード以外の魚や肉、乳製品などで好物なものがあれば、少量をフードにトッピングしてみてください。たんぱく質の食材にはリンが含まれているので、腎臓病の猫には与えすぎないように注意が必要ですが、少量でも喜んで食べて、食が進むなら、そちらを優先したほうがいいと思います。

●器を台にのせて食べやすくする

床に置いた器から食べるより、5〜10cmくらいの高さの台にのせたほうが猫にとっては楽な姿勢なので食べやすくなります。

療法食を
食べてくれないとき

腎臓病のステージが進んだら、低たんぱく質、低リンの療法食に切りかえることが尿毒症症状の軽減になり、延命させる唯一の方法になります。

ところが、ここで多くの飼い主さんが頭をかかえるのが、療法食を「食べてくれない」ことです。

これはいちばん重要な問題です。

たんぱく質、リンに加え、塩分も少ない腎臓病用療法食は味にうるさい猫にとって嗜好性が低いようで、「こんなもの、食べられない！」となることが多いようです。また進行した腎臓病では食欲不振が強く起こるため、ますます食べない状況に陥りがちです。

でも腎臓病では、やせて筋肉量が減ることを食い止めなければなりませんから、とにかく食べることを優先させ、食べられるものを食べてもらうしかありません。

かといって、おいしい高たんぱく質の食事に戻せば尿毒素が上昇し、食欲不振に陥ってしまうことがあります。そこで、一般的なフードに戻してしまう前に、以下の方法を試してもらっています。

①違う療法食に変えてみる

最近は腎臓病用療法食も種類が増えているので、医師に相談して別の種類の療法食を試してみるのもいいと思います。

②市販食から
リンの少ないものを与える

療法食以外の市販食で、腎臓病に配慮しているものもあります。また、たんぱく質やリンの含有量がおさえられた高齢猫用のフードでもよいでしょう。ただ、高齢猫用ではエネルギーもおさえられているので、やせるのを防ぐために量をたくさん食べなければなりません。食欲が低下している猫では、必要なエネルギー量を達成するのがむずかしいことも多いです。

③好みのウェットフードを併用する

療法食のドライフードに、市販のウェットフードをトッピングして嗜好性を上げます。味が変われば、食べてくれる可能性も大きいでしょう。スープタイプのウェットフードなどは、魚や肉などの固形物が少なめなのでたんぱく質量も低めです。

いろいろなフードを試してみよう

ロイヤルカナン 腎臓サポート （腎臓病用療法食）	ロイヤルカナン Vets Plan エイジングケアプラス ステージⅡ	ベッツソリューション 腎臓サポート

消化性の高いたんぱく質を適度に配合しながら、リンの含有量を0.3％におさえている。オメガ３不飽和脂肪酸や複数の抗酸化物質も配合。腎臓病による食欲低下に配慮して、猫が好む香りで食欲を刺激。㈹ロイヤルカナンジャポン お客様相談室 ☎0120-618-505

高齢猫のために開発された総合栄養食。腎臓の健康の維持のためにリンの含有量を調整。筋肉量を維持するために分岐鎖アミノ酸（BCAA）を配合。ビタミンC・E、ルテイン、タウリンなど、複数の抗活性酸素物質を含み、脳や関節の健康維持も。㈹ロイヤルカナンジャポンお客様相談室 ☎0120-618-505

慢性腎不全による食欲不振、栄養不良の猫のために設計された食事療法食。たんぱく質とリンの含有量を調整し、オメガ３不飽和脂肪酸や抗酸化作用、抗炎症作用に優れた緑茶ポリフェノールを配合。㈹ジャパンペットコミュニケーションズ ☎0120-978-340

ヒルズ サイエンス・
ダイエット〈プロ〉
健康ガード
腎臓・心臓

7歳以上の高齢猫用。腎臓
と心臓の健康をサポートす
るために、たんぱく質とミ
ネラルを適切にブレンド。
高品質なチキンの正肉に加
え、フルーツや野菜などの
天然素材を使用。㈲日本ヒ
ルズ・コルゲート
☎0120-211-311

ヒルズ サイエンス・
ダイエット〈プロ〉
健康ガード
アクティブシニア

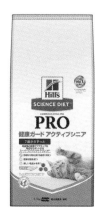

7歳以上の高齢猫用。若い
ときとは活動状態が異なる
遺伝子を特定し、独自の栄
養ブレンドで免疫やDNA
の修復、エネルギー産生や
たんぱく質の代謝をサポー
ト。フルーツや野菜由来の
成分を含む抗酸化成分、必
須脂肪酸などを配合。㈲日
本ヒルズ・コルゲート
☎0120-211-311

ピュリナ ワン
優しく腎臓の
健康サポート
11歳以上

高齢期の猫の腎臓の健康
維持を考慮し、良質なた
んぱく質を適切な量で配
合。オリゴ糖や天然のグ
ルコサミン、コラーゲン
も含む。550gずつ小分け
にパックされているので、
風味が長期間保てる。㈲
ネスレ ピュリナ ペット
ケア お客様相談室
☎0120-262-333

コンボキャット
毛玉対応 15歳以上

天然食物繊維が胃に溜まった毛玉の排泄を助ける。たんぱく質、リン、カルシウムを調整し、低マグネシウムで腎臓の健康維持に配慮。コエンザイムQ10やビタミンEも配合。小さめ、薄型の粒で食べやすさと消化性を高めている。㈱日本ペットフードお客様相談センター　☎03-6711-3601

カルカン ドライ
15歳から用
かつおと野菜味

15歳以上の猫に必要な栄養素をバランスよく含む。下部尿路の健康維持のためにマグネシウム含有量を、腎臓の健康維持のためにリンの含有量をそれぞれ低めにおさえている。消化のよい米、グルコサミン配合。400gずつの小分けパックで新鮮な風味をキープ。㈱マース ジャパン お客様相談室　☎0800-800-5874

キャネット
メルミル

歯が弱っていても食べやすく、老齢期や介護期の猫にやさしい栄養設計の総合栄養食。心臓と腎臓に配慮して、リンとナトリウム含有量を調整している。㈱ペットライン お客様相談室　☎0120-572-285

腎臓病の薬

　ここでは、腎臓病の治療で処方する薬を解説します。

　どんな腎臓病にも効く特効薬はありません。高血圧、高リン血症、貧血や尿毒症など、腎臓病の合併症を軽減し、楽にする対症療法の治療薬です。

●ACE阻害薬／ ARBテルミサルタン

　たんぱく尿の抑制や、高血圧の猫の降圧剤として使います。脱水時は使用できません。たんぱく尿や高血圧がなければ服用する必要はありません。

●Caチャネル拮抗薬

　高血圧の第一選択薬です。

●リン吸着剤

　血中のリン濃度を下げる薬で、アルミニウム製剤、炭酸カルシウム、鉄製剤などがあります。食事療法で血中のリンの濃度が下がらないときに使います。早期のステージでは不要で、高リン食を与えているときは効果がありません。

●エリスロポエチン製剤

　中程度から重度の腎性貧血のときに使用します。鉄剤との併用が必須です。

●重炭酸ナトリウム （クエン酸カリウム）

　中程度〜重度の代謝性アシドーシス*を改善するために使います。

＊血液中の酸性濃度が高くなりすぎた状態のこと。腎臓の機能が低下して酸の排泄能力が落ちることで発症する。

●プレ・プロバイオティクス

　消化管内の尿毒素を減らし、尿毒症の症状、腎機能低下が進むのをおさえるために処方することがありますが、有効性はまだ証明されていません。

●食欲増進剤

　猫では四環系抗うつ薬であるミルタザピンという薬が食欲増進剤として使われます。副作用として攻撃性が上がるなど、行動異常が起こる場合があります。

●制吐剤

　尿毒症で頻繁に嘔吐があり、脱水の危険があるときに使用します。

●胃酸抑制剤

　食欲低下、嘔吐など、尿毒症による胃腸障害があるときに使用することがあります。

薬の
飲ませ方

　猫に薬を飲ませるのは至難の技です。口に直接入れると吐き出しますし、フードに混ぜるとフードを食べなくなることもあります。なぜ飲まなくてはいけないのか理解していませんから、多くの猫の場合、断固拒否するでしょう。
　ふだん私たちが行なっている投薬の方法を紹介します。

●錠剤を飲ませるときは

片手で頭を後ろから固定し、もう片方の指先で口を開く。

口の中のなるべく奥の真ん中に錠剤を入れる。

口を閉じさせ、鼻先を上に向けて、のどをさするようにして飲み込ませる。

●液剤を飲ませるときは

片手であごを下から持ち、顔を少し上に向ける。

もう片方の手にスポイトやシリンジを持ち、犬歯の後ろに差し込んで液剤をゆっくり流し入れる。

首を固定したまま、少し鼻先を持ち上げておく。

治療の期間、費用の目安

期間、費用は病気の進行度で変わる

　もし腎臓病と診断されたら……。

　飼い主さんにとっては治療にかかる費用、どれくらい病院通いをしなければならないかも気がかりだと思います。仕事をしているかたが会社を休んで病院に連れていくとなると、時間的にも負担がかかることでしょう。

　ご存じのように動物病院は自由診療なので、病院によって治療費が違います。ペット保険などに別途加入しているかた以外、健康保険のようなものがないので、人の医療費に比べると非常に高い印象があると思います。

　費用、期間は病気の進行度、使う薬や食事療法の内容によっても変わりますが、おおまかな費用を説明します。

早期なら3カ月～1年ごとに検査

　血液検査、尿検査、超音波検査、レントゲン、血圧測定を行ないますが、これらの検査をすべて行なえば2～4万円程度はかかるでしょう。

　治療にかかる費用は、療法食や服用する薬、点滴の費用などがおもなところです。当院ではステージ1～2ならほとんどの場合薬は出さず、ウェットフードをおすすめしたり、生活上のアドバイスをするくらいです。そして3か月、または半年おきくらいに検査をして経過を見ていきます。

　症状がほとんどなく、経過を見ていくなかで進行が遅そうだったら、次は1年後でもいいですよ、ということもあります。進行が遅いタイプは毎月検査をしても、あまり意味がないことも多いのです。進行が速いタイプでは、検査の間隔がもう少し短くなったり、検査項目が増えたりします。

重症になるほど薬代、通院頻度も上がる

　腎臓病が進行し、食べないなどの症状が出てきたら、1週間に1回の通院が必要になるかもしれませんし、進行するほど費用面では負担が大きくなります。食欲はなんとか維持できていても、尿量が多く、脱水してしまう場合には1～3日に1回くらいのペースで、定期的な皮下補液を行なうことが多いです。皮下補液とは、背中に輸液剤を背負わせて水分補給する方法です。

　そして重症患者になるほど、薬は増えていきます。低リンの療法食を与えても

リンの数値が下がらない場合は、リン吸着剤を使います。いくつか種類がありますが、薬によって1か月あたり数百円から数千円までと幅があります。必要な効果とコストを考えて処方しています。

　食欲がなければ食欲増進剤、嘔吐がひどければ制吐剤を処方することもあります。使う量や頻度によって金額はまちまちなので、ここで「いくら！」というのはむずかしいのですが、重症度や合併症に応じて薬の量や種類が増えていきます。

　ただし、飲むべき薬が多すぎれば、猫にとっても大きなストレスになったり、食欲を低下させてしまったりすることもあります。末期に近づけば近づくほど、延命はむずかしくなっていきます。

　そのため、その猫の食欲や生活の質の維持を目的に治療をしていきます。もちろん、これはご家族と相談しながら考え、決定していくものです。

COLUMN.12

投薬サポートアイテム

　液剤を飲ませたり、粉剤を水に溶かして飲ませるときは、シリンジやフィーダーが役立ちます。薬を包み込んで隠しながら、おやつ感覚で食べられる商品もあります。

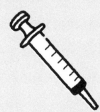

液剤を飲ませるときに使うシリンジ。口を開けたがらないときも、口の端に差し込んで飲ませられる。

先端に錠剤をはめ、口の中に押し込む錠剤用フィーダー。錠剤が口の中で飛び出すしくみ。

やわらかい形状で、穴に錠剤やカプセルを入れて与えられる「グリニーズ ピルポケット 猫用」。病院で購入可能。㈱マース ジャパン ☎0120-252-762

COLUMN.13

健康診断で早期発見

早期発見で進行を防ぐ

　腎臓病は、症状が出るころにはかなり病状が進んでいます。症状が出る前に検査で早期発見ができれば、原因となる病気をとり除いたり、積極的な水分摂取を心がけたりすることで、進行のスピードを遅らせることができるかもしれません。

　早期発見するにはやはり、健康診断を受ける必要があります。ですが、血液や尿検査の数値だけでは、慢性腎臓病の早期の診断にはならないことが多く、なぜなら腎臓の機能が落ちてくるのは、進行してからなのです。そのため、慢性腎臓病の原因となる病気を見つけるには、超音波検査も受けることが必要になります。ほかの病気のために抗菌薬や鎮静薬を定期的に服用していたり、食事を変更している場合には腎臓の検診も受けるようにしましょう。

検査の準備

　尿検査のために自宅で採尿する場合は、検査前6時間以内の尿が必要です。当日の朝に採尿するか、前の日にとった場合は冷蔵庫で保管します。もし採尿ができなかったら後日改めて持っていくか、別料金になりますが病院で採尿してもらうことも可能です。

　検査当日の朝は絶食です。検査が午前中の場合は、前日の夜も早めにごはんをすませるようにしましょう。

　ただし、水はきらしてはいけません。腎臓病、もしくは腎臓病を疑われている猫の場合には、脱水によって症状を悪化させてしまう場合があるためです。あまり水を飲まなくてウエットフードで管理している場合は、絶食もしないほうがいいかもしれません。

多頭飼いは慎重に

　2頭以上の猫を飼っているかたも多いと思います。猫に留守番をさせる時間が長いお宅の場合、1頭でいるよりも相方がいたほうが飼い主さんとしては安心かもしれません。

　猫は縄張り意識が強い動物です。生まれたときからいっしょに育ってきたきょうだい猫なら大きなモメ事もなく過ごせることもあると思いますが、先住猫がいてあとから新しい猫を飼う場合、自分の縄張りが侵される不安から、けんかやトラブルが起こることがよくあります。猫同士の相性がよくないと、お互いに大きなストレスを抱える可能性があります。特に高齢猫は、新たに若い猫を迎ると、体調をくずすおそれもあります。

　それぞれの隠れ場所やトイレの数が充分にあることが必須となりますが、そのほかにも、病気になったとき、多頭飼いでは療法食がうまく進まないケースがあります。病気の子が療法食を食べず、別の子のおいしいごはんを食べてしまうことが多いので、できれば食事のときだけでも別の部屋で食べさせるなどのくふうが必要です。

　さらに頭数が多ければ、おしっこや便の状態を1頭ずつ把握するのがむずかしくなり、体調の変化に気づくのが遅れることもあるでしょう。健康診断をはじめ医療費や時間的な負担もかさみます。

　新しい猫を迎えるさいは、先々のことを考え、慎重に準備しておくことをおすすめします。

猫の人工透析と腎臓移植

重症な尿毒症患者に行なう選択肢

腎臓病のステージ3から、尿毒症の症状が出てきます。食欲がなくなり、かなりひどいとけいれんを起こすこともあります。

食べなくなり、脱水状態になったら点滴をし、血量を増やします。回復すればまたごはんも食べられ、水も飲めるようになりますが、腎機能が改善しない場合には、いくら点滴をしても尿毒症を改善させることはできません。そうなると血液中に蓄積した毒素をとり除く必要があり、ここまでくると医療でできることはもう、「透析」しかありません。

コストが莫大な猫の透析

人工透析は、人の場合、腎臓の機能が大きく低下し、腎不全の兆候があったり、日常生活がうまく送れなくなったり、栄養状態の改善が見られない場合に、延命のために行ないます。

QOL（＝生活の質）を維持し、最終的には腎臓移植に持っていくのが目的です。ただその間に脳梗塞で亡くなるケースもあります。

猫の場合、透析を行なえば同じように生活は維持できますが、その先に腎臓移植という選択肢が、現状ではほぼありません。透析から離脱するのは、ほかの病気で亡くなるまで、ということです。

人では、医療費助成制度があるため、1か月におよそ1〜2万円の自己負担で済みます。しかし、保険に加入していない猫は1回3〜10万円ほどかかります。

非常に長期間にわたる治療ですし、週に3回行なうと、月に100万円くらいかかります。1年間続ければ1000万円を超え、コスト的にも恐ろしく高くなります。

さらに週3回、病院で頸静脈カテーテルをつけて行なう透析治療は、猫に相当なストレスを与えます。

症状は緩和できたとしても、延命のために末期状態の猫に強いストレスをかけることになります。

どうやって見送るかを考える

末期の尿毒症は健康な人にとって想像を絶する辛さでしょう。猫にその辛さを聞くことはかないませんが、同じように大きな苦しみを抱えていると思います。そして、末期では透析を行なう以外に、それを緩和することができないという現実があります。これが慢性腎臓病に対する現状での獣医療の限界です。

透析という手段はコストを度外視すれば、猫にとって苦しみから解放される三つの手段のうちの一つです。

もう二つは腎臓移植と安楽死です。

透析をやり続けたいという家族にとって、それを否定するつもりはまったくありません。ただ経済的な理由も含めて、すべての家族が透析を選択できるわけではありません。

すべての家族、獣医師は、可能な限り苦しみは与えたくないと考えているでしょう。末期腎不全に至った段階で絶対的な正解などありません。猫の病状、家族の気持ち、選択可能な医療から、獣医師とよく相談して決めていくことが重要だと思います。そして、最終的に「どう見送りたいのか」を考えることがいちばん大事だと思います。

猫の腎臓移植の倫理的な課題

透析の先には、「腎臓移植」という目的があります。猫の腎臓移植はアメリカで行われており、日本では岩手大学で行なっています。

ヨーロッパでは猫の腎臓移植はドナーの猫に対しての倫理的な問題をクリアしていないとされています。ドナーになる猫には自分の腎臓を提供しようという意思はありません。にもかかわらず腎臓移植を推奨していくと、たとえば野良猫やシェルターで保護されている猫を連れてきて腎臓だけとってしまおうとするヤカラが絶対にいないとは限らないからです。その問題をクリアできない限り、猫の腎臓移植はやるべきではない、ということになっています。

現状では、国内でも猫の腎臓移植を一般的に行なうことはむずかしい状況にあります。それを望む家族が多いことは承知していますが、現実的に、透析以上に実施が困難なのです。

再生医療の分野でも、腎臓は心臓や筋肉、神経よりもはるかに複雑な構造をしているため、再生が特にむずかしい部類に入ります。人の医療でも、なかなか実現のめどがたっていない状況です。

慢性腎臓病の
ステージが進んだら

ステージ3、4の治療

ステージ3、4に進んでしまうと食べない、元気がなくなる、吐くなど具体的な症状が出てきます。脱水や尿毒症などの合併症も起こり、猫が苦しむ姿を目の当たりにすることになります。

ひとつひとつ対症療法で一時的に回復させることはできるかもしれませんが、この時点で腎臓の機能の多くが破壊されています。ではそのような状態でどんな治療を行なうのか、具体的に説明します。

通院しながら
皮下補液を続ける

ステージ3以降では腎臓がおしっこを濃くすることができなくなり、体内の水分がおしっことして排出されてしまうので脱水しやすくなります。すると腎臓の機能がさらに急激に落ち、尿毒症になって食べない、水も飲まない、やせてくるなどの状態に陥ります。

そこで週に2～3回のペースで皮下補液を行ないます。「乳酸リンゲル液」という輸液を肩甲骨の間から注射し、細胞の外の体液を増やして腎臓に巡る血液を増やすことが目的です。これで腎機能が多少回復して尿毒症が軽減されれば、脱水がコントロールされ、一時的に食欲が回復したり、水を飲んだりすることもできるようになります。ただ、またすぐに脱水の症状が起こるため、2～3日に1回、輸液をくり返し、なるべくよい状態を維持します。

皮下補液は細胞の外にしか水分が入らないので、細胞の中の脱水は改善されません。大量に体内に入れてもおしっことして出ていくだけなので、食べないのに皮下補液だけ続けるのでは意味がありません。必要なのは食欲を回復することなので、皮下補液しても食べない場合は、食欲増進剤と水分の多いウェットフードで食欲を一時的でもとり戻すことが必要です。

食欲改善の努力をしても食べられないほど重度の脱水の場合は、皮下補液だけではコントロールできなくなってきます。入院し、静脈点滴で細胞の中に輸液を入れます。これで状態が改善されれば退院できますが、なにをやっても食欲が戻らない場合、「チューブフィーディング」という、いわゆるカテーテルで栄養を流し入れます。ステージ4の末期腎臓病では、チューブフィーディングをしても吐いてしまい、もうなにも受けつけられない状態になることもあります。

4章

自宅介護を行なう場合も

2〜3日に1回、皮下補液のために通院をするのは猫にとって強いストレスでしょう。そのため継続的な皮下補液が必要な場合は、飼い主さんにやり方を覚えてもらい、自宅で行なってもらうよう勧めています。

そこそこ自分で食べることはできるけれど脱水してしまう猫には、皮下補液は有効です。水分摂取を増やす努力をし、自力で水が飲めれば皮下補液は不要です。ただ症状が進行した猫は食欲回復することがあまりなく、亡くなるまで補液し続けることになります。

最期の時間を家で過ごす

末期の腎臓病では、できる治療がほぼなくなっていきます。なんとか食べさせる、飲ませる、必要があれば点滴をする、脱水がひどすぎて皮下補液でどうしようもなくなったら静脈点滴をし、とりあえず脱水を改善させる、などの楽にしてあげる方法というのもなくなってきます。

人間の場合、病気の末期に病院で過ごし最期を迎えるケースも多いと思います。でも私の場合、動物を病院で看とることはありません。

入院はあくまでも、この先症状がよくなるためにするものです。亡くなるなら家で、ということです。家が嫌いな猫はいないと思います。最期の時間を家で過ごす。そのほうが猫にとって幸せなはずです。

飼い主さんができること

　私は獣医師なので、患者さんが少しでも楽になる方法を最後の最後まで考え、治療します。でも治療とは、薬や点滴、手術などの医療行為だけではないと思っています。

　苦しんでいる猫をさすってあげる、水を少しずつ口から入れてあげる、体を温めてあげる。そんな飼い主さんの手当てこそ、猫が望んでいる治療ではないかと思います。早期ステージの猫の飼い主さんに、「よく遊んであげてください」「ウェットフードにしましょう」とアドバイスするのも、それが治療だと思うからです。なんでもないことのようですが、飼い主さんが猫のためにできることは、いっぱいあります。

　薬や点滴など猫が嫌がることをして逃げられたり、つらい気持ちにさせたりするよりも、一瞬だけでもなんとかごはんを口に入れ、水を飲ませてやり、最期の時間をゆっくりと過ごすほうが、お互いのためにいいのかもしれません。それを選んでもいい、と思っています。

獣医師として
「死」について考える

死生観は人それぞれ

　遠い昔なら、死後の世界はお坊さんから聞くものだったかもしれませんが、今は医師の仕事かもしれないと思っています。私は無宗教ですし、死んだ後の世界を考えることもありません。死ぬまでにどういうふうに生きるのかのほうが重要だと思っています。

　でも死については人それぞれ、いろいろな考え方があります。死の先にはなにがあるのか。宗教観を勉強しておくことは、獣医師として重要なことであり、愛する猫の死を見届けなければならない飼い主さんの話に耳を傾け、話し合いたいと思っています。

死を想像することで
見送り方が見える

　私は中学生のころから猫を飼っていました。これまでに飼った2匹の猫はどちらも、突然具合が悪くなり、町の動物病院へ連れて行ったところ的確な診断を受けることができず、あっという間に亡くなってしまいました。

　私が獣医師となり、今大学病院にいる理由の半分は、そんな悔しい経験があったからかもしれません。

　でもこれまでにペットロスに陥ったことがないのは、私が「動物も自分も、死ぬときは死ぬもの」と思っているからだと思います。

　猫にできる治療のすべがなくなり死が目前となったとき、獣医師としては、飼い主さんに「死」を想像してもらうほかありません。ある患者さんが、手を尽くし、これ以上よくなる方法がひとつもない段階にきているのに、そのことを受け入れられず、「なんとか助けてください！」と懇願する飼い主さんと2時間くらい、死について話したこともあります。

　人も動物も、いずれは死ぬもの。死を想像し、受け入れることができれば、どうやって送り出すか、どうしてあげたら最期のときまで、この子は幸せなのかを考えられるのではないでしょうか。そうすると、なるべくいっしょにいて、少しでも楽しい時間をともに過ごすことについて考えられると思います。

寿命よりも
過ごした時間をたいせつに

　寿命については、半分は「運」だと思っています。もちろん、ならなくてもいい病気になって亡くなるのは避けるべきだと思いますが、心臓病やがんなどの病気は避けることがむずかしい。もし避けられたら奇跡、そして猫が19歳まで生きるのも奇跡に近く、それはたまたまそうだっただけなのだと思います。

　だから、たまたま9歳で腎不全になり10歳で亡くなればそれもしょうがない、運命としかいえないと思います。何歳まで生きたから幸せとか、何歳まで生きられなかったから不幸せ、とも思いません。いっしょにいて、大事にされて、時間を濃く過ごすことこそが、その猫にとって本当に幸せなことなのではないかと思います。

「できるだけのことを
してあげた」という実感を

　飼っている猫が病気になったり亡くなったりすると、「もっと早く見つけてあげていれば」と自分を責めるかたもいます。では、どうしてあげたらよかったのでしょう。じつは、どうしようもないものばかりなのです。

最初にお伝えしたように、猫の腎臓病の多くは原因不明です。初期は症状もないので、獣医師ですら見つけることがむずかしく、飼い主さんに「早期発見しましょう」というのは正直、酷な話です。

でも症状が進んで苦しむ状態になったとき、その子がどうしてほしいのか、ずっといっしょにいた飼い主さんが、いちばん察してあげられるはずです。「痛い」「苦しい」「薬はイヤ」「注射はイヤ」「病院に行きたくない」と人の言葉ではいえないけれど、飼い主さんなりに、その子がなにを望んでいるのか、察して選択していかなくてはなりません。

患者である猫が、もう呼吸も楽にしてあげられなくなったとき、けいれんの発作が起きて止められなくなったとき、ほぼ意識もなくなったとき、目の前にいる動物を楽にする方法がひとつもなくなったとき、苦しんだ先に死しか残されていないとき、私は飼い主さんに安楽死を提案します。もちろんパニックになる飼い主さんもいらっしゃいますし、安楽死だけは選択できない、というかたもいます。それでも、その選択肢を知らないかたもいるので、獣医師として提案しないわけにはいきません。苦しまずに旅立たせる方法があるのだということは、知っておいてもらった方がいい、と思っています。

飼い主さんが「あれだけ苦しませてしまった」と、後から苦しんだり後悔したりしないように……。最終的に選択するかどうかは、それぞれのご家族次第です。

多少意識があり、でもあと1日か2日で亡くなると思う患者さんは、安楽死ではなく、家に帰します。あと数日の命ということをお伝えし、最低限のことをやってもらい、家でゆっくり過ごしてもらうほうがいい場合もあります。

たいせつなのは「自分はこの子にできるだけのことをしてあげた」という実感です。その選択肢は、飼い主さん一人一人で違うものだと思います。

最期はぜひ、いっしょに過ごした幸せな時間を思い出してほしいと思います。

食材の栄養成分

食材によって、含まれているたんぱく質量、リンの量はさまざま。
猫に手作り食をあげてみたい、食欲が落ちた猫に好きなものを少し食べさせたい。
そんなときに参考にしてください。

食材別栄養成分（100g中）

	エネルギー kcal	たんぱく質 g	脂質 g	炭水化物 g	リン mg	ナト リウム mg	カル シウム mg	マグネ シウム mg	食塩 相当量 g
牛ひき肉	272	17.1	21.1	0.3	100	64	6	17	0.2
牛かた ロース肉	318	16.2	26.4	0.2	140	50	4	16	0.1
牛もも肉	209	19.5	13.3	0.4	180	49	4	22	0.1
牛ヒレ肉	195	20.8	11.2	0.5	200	56	4	23	0.1
豚ひき肉	236	17.7	17.2	0.1	120	57	6	20	0.1
豚ロース肉	263	19.3	19.2	0.2	180	42	4	22	0.1
豚ヒレ肉	130	22.2	3.7	0.3	230	56	3	27	0.1
豚バラ肉	395	14.4	35.4	0.1	130	50	3	15	0.1
豚レバー	128	20.4	3.4	2.5	340	55	5	20	0.1
鶏ささ身	109	23.9	0.8	0.1	240	40	4	32	0.1
鶏胸肉	145	21.3	5.9	0.1	200	42	4	27	0.1
鶏もも肉	204	16.6	14.2	0	170	62	5	21	0.2
鶏手羽肉	210	17.8	14.3	0	150	79	14	17	0.2
鶏ひき肉	186	17.5	12.0	0	110	55	8	24	0.1
鶏レバー	111	18.9	3.1	0.6	300	85	5	19	0.2
煮干し	332	64.5	6.2	0.3	1500	1700	2200	230	4.3
カツオ削り節	351	75.7	3.2	0.4	680	480	46	91	1.2
シラス干し	113	23.1	1.6	0.2	470	1600	210	80	4.1

	エネルギー kcal	たんぱく質 g	脂質 g	炭水化物 g	リン mg	ナトリ ウム mg	カル シウム mg	マグネ シウム mg	食塩 相当量 g
アジ	126	19.7	4.5	0.1	230	130	66	34	0.3
サケ	133	22.3	4.1	0.1	240	66	14	28	0.2
タラ	77	17.6	0.2	0.1	230	110	32	24	0.3
マグロ赤身 （メバチマグロ）	130	25.4	2.3	0.3	270	39	3	35	0.1
ヒラメ	113	21.2	2.5	0.1	230	41	8	31	0.1
サバ	247	20.6	16.8	0.3	220	110	6	30	0.3
カレイ	95	19.6	1.3	0.1	200	110	43	28	0.3
サンマ	318	18.1	25.6	0.1	180	140	28	28	0.4
ギンダラ	232	13.6	18.6	微量	180	74	15	26	0.2
ブリ	257	21.4	17.6	0.3	130	32	5	26	0.1
ロースハム	196	16.5	13.9	1.3	340	1000	10	19	2.5
魚肉 ソーセージ	161	11.5	7.2	12.6	200	810	100	11	2.1
かまぼこ	95	12.0	0.9	9.7	60	1000	25	14	2.5
ちくわ	121	12.2	2.0	13.5	110	830	15	15	2.1
カニかま	90	12.1	0.5	9.2	77	850	120	19	2.2
プロセス チーズ	339	22.7	26.0	1.3	730	1100	630	19	2.8
プレーン ヨーグルト	62	3.6	3.0	4.9	100	48	120	12	0.1
牛乳	67	3.3	3.8	4.8	93	41	110	10	0.1

『七訂 食品成分表2020』（女子栄養大学出版部）より

不調、病気、ストレス要因のチェック一覧［病気編］

本書では猫の不調やストレスに気づくためのサインをチェック項目にしています。
それぞれの解説ページへお進みください。

● 尿毒症のサイン
□ 何度もくり返し吐いている
□ 吐いたものに異物が混ざっている
□ 吐こうとしているのに、
　なにも出てこない
□ 吐いたものに血が混じっている
□ 下痢、食欲不振、元気がないなど、
　ほかの症状を伴う
（⇒ p.15）

● 下部尿路疾患のサイン
□ トイレに行く回数が増える
□ 頻繁にトイレに行くのに、
　おしっこが少ししか出ない
□ おしっこをするときに痛がって鳴く
□ トイレ以外の場所で粗相をする
□ 血尿が出る
□ 落ち着きがなくなる
□ 不自然な姿勢でおしっこをする
□ 陰部をなめる
□ おしっこが出ない
（⇒ p.20）

● 尿路結石症のサイン
□ トイレに行く回数が増える
□ 頻繁にトイレに行くのに、
　おしっこが少ししか出ない
□ トイレでうずくまっている
□ おしっこをするときに痛がって鳴く
□ 排尿時に力む_{りき}
□ 血尿が出る
□ トイレ以外の場所で粗相をする
□ 落ち着きがなくなる
□ 猫砂やシートの表面に
　キラキラ光った結晶や結石が見える
（⇒ p.23）

● 特発性膀胱炎のサイン
□ 頻繁にトイレに行く
□ おしっこが茶色くなったり、
　血尿が出たりする
□ おしっこが出なくなる
（⇒ p.24）

●尿道炎・尿道閉塞のサイン
□ 頻繁にトイレに行くのに、
　おしっこが少ししか出ない
□ 不自然な姿勢でおしっこをする
□ おしっこをする体勢に
　なっているけれど、出ていない
□ トイレに出たり入ったりする
□ ぐったりしている
□ 食欲がない
□ 吐いている
（⇒p.26）

●水腎症のサイン
□ 食欲低下
□ 吐く
□ 元気がない
□ うずくまる
□ おなかを触るといやがる、
　しこりのようなものがある
□ おなかが大きい
（⇒p.29）

●腎盂腎炎のサイン
□ 水を飲む量が増えた
□ トイレに行く回数が
　多くなっている
□ おしっこのにおいが強くなった
□ おしっこが濁っている
□ ぐったりして元気がない
□ 食欲がない
□ 腰付近をたたくと痛がる
□ 熱がある
（⇒p.30）

●急性腎不全のサイン
□ 吐く
□ おしっこをしない
□ 元気がない
□ まったく食べない
（⇒p.33）

●泌尿器疾患のサイン
□ いつもと違う場所で
　おしっこをする
□ 頻繁にトイレに行く
□ トイレに行っても
　おしっこが出ない
□ トイレにいる時間が長い
□ おしっこをしながら痛そうに鳴く
□ おなかや陰部をしきりになめる
□ 血尿が出る
（⇒p.48）

不調、病気、ストレス要因のチェック一覧 [生活・ストレス編]

本書では猫の不調やストレスに気づくためのサインをチェック項目にしています。
それぞれの解説ページへお進みください。

●猫の環境について
飼い主さんチェック

□ トイレはいつもきれいに
　していますか？
□ いつも新鮮な水を、
　数か所に置いていますか？
□ ウェットフードをあげていますか？
□ 毎日、いっしょに遊ぶ時間を
　作っていますか？
□ 猫が上下運動できる環境ですか？
□ 猫の隠れ場所はありますか？
（⇒ p.15）

●猫のストレスチェック

□ 関節炎がある
□ 尿管閉塞など、ほかの疾患がある
□ 仲の悪い家族がいる
□ 仲の悪いほかの動物がいる
□ 孫が生まれ、遊びにくる
□ 特定の部屋にしか入れない
□ 24時間トイレを見張られている
□ 隣家がリフォームで工事中
□ 隣の猫が庭に遊びに
　くるようになった
□ いっしょに暮らしている
　ほかの動物が留守、または死亡した
□ 同居猫がちょっかいを出してくる
□ 一日のほとんどが留守番
□ 毎週のように通院している
□ 尿道カテーテルを入れている
（⇒ p.25）

●猫の生活環境チェック
[家族との関係]

□ 同居している家族（人）との
　関係は良好ですか？
□ 同居している家族（猫など）との
　関係は良好ですか？
□ 家族以外でこの猫ちゃんとの
　関係が不良な人、動物はいませんか？
（⇒ p.36）

[生活環境]

☐ 飼育環境は室内のみですか？

☐ 猫ちゃんは室内を自由に
　動き回ることができますか？
　（夜間や留守番のときは特定の部屋・
　ケージのみ、など）

☐ ドライフードのほかに
　ウェットフードもあげていますか？

☐ 自分専用の食器がありますか？

☐ 水の器はごはんと別の場所に
　置いてありますか？

☐ お気に入りの寝る場所が
　ありますか？

☐ いやなことがあるときに
　隠れる場所がありますか？

☐ キャットタワーやタンスなど
　高いところに登れますか？

☐ 走り回ったり、遊んだりする空間が
　ありますか？

☐ 遊びますか？

☐ 遊ぶためのおもちゃは豊富ですか？

☐ トイレは固まる砂のトイレですか？

☐ トイレは複数個ありますか？

（⇒ p.37）

● トイレの管理チェック

☐ トイレのサイズは猫の体の1.5倍

☐ フードカバーなし

☐ 無香料の固まる砂

☐ 毎日こまめに掃除

☐ 週に１回は砂を全部とりかえる

☐ トイレは各階に置く

（⇒ p.50）

● 高齢猫の体力低下のサイン

☐ じっとしている時間が増える

☐ 全体的に動きがゆっくりになる

☐ 高いところに
　あまり上がらなくなる

☐ 瞬発力が衰える

☐ 遊びに誘っても興味を示さない

（⇒ p.83）

さくいん

宮川優一（みやがわゆういち）

日本獣医生命科学大学臨床獣医内科学研究室
第二・准教授。本学付属動物医療センターで
腎臓科・循環器科を担当。
平成18年日本獣医畜産大学獣医学部獣医学
科卒業・獣医師免許取得。平成22年日本獣
医生命科学大学大学院獣医生命科学研究科獣
医学専攻博士課程修了。平成23年日本獣医
生命科学大学獣医高度医療学教室・助教。
イヌおよびネコの腎臓病・泌尿器疾患、体
液・酸塩基平衡を中心の研究対象としている。

デザイン／中山詳子（松本中山事務所）
イラスト／sawara267
編集協力／前中葉子（BEAM）
校正／くすのき舎

メーカー問い合わせ一覧

アイシアお客様センター ☎0120-712-122
いなばペットフードお客様相談室 ☎0120-178-390
ジャパンペットコミュニケーションズ ☎0120-978-340
日本ヒルズ・コルゲート
　サイエンス・ダイエット〈プロ〉 ☎0120-211-311
　プリスクリプション・ダイエット ☎0120-211-323
日本ペットフードお客様相談センター ☎03-6711-3601
ネスレ ピュリナ ペットケアお客様相談室
　☎0120-262-333
ペットセーフ ☎0120-208-278
ペットライン お客様相談室 ☎0120-572-285
マース ジャパン お客様相談室
　シーバ、カルカン ☎0800-800-5874
　グリニーズ ピルポケット ☎0120-252-762
ユニ・チャーム ペット ☎0120-810-539
ロイヤルカナンジャポンお客様相談室 ☎0120-618-505

飼い主が愛猫のためにできること
猫の腎臓病がわかる本

発行／2020年4月30日　初版第1刷発行
　　　2024年9月30日　初版第4刷発行

著者／宮川優一
発行者／香川明夫
発行所／女子栄養大学出版部
〒170-8481　東京都豊島区駒込3－24－3
電話　03-3918-5411（販売）
　　　03-3918-5301（編集）
ホームページ　https://eiyo21.com/
印刷・製本所　中央精版印刷株式会社

ISBN978-4-7895-4835-9

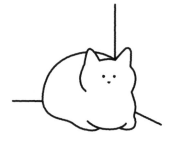